"十二五"高等职业教育规划教材

建筑工程定额与预算

主　编　杨　勇　唐艳芬　蓝兴洲
副主编　郭容宽　陆世岩　陈美萍

北京理工大学出版社
BEIJING INSTITUTE OF TECHNOLOGY PRESS

内 容 提 要

本书按照高职高专院校工程造价等相关专业的教学要求，以岗位技能为出发点编写，详细讲述了建筑工程工程量计算方法，并附有典型的计算实例。全书共分6章，以项目实例为依托，重点介绍了工程造价依据和造价构成、基础工程项目、主体工程项目、屋面工程项目、装饰装修工程项目、措施项目费用等内容。为便于读者学习和对比，掌握计价方法，提高综合能力，书后还附有一套完整的建筑工程施工图。

本书内容全面，注重执业技能的培养，符合当代高等职业教育的要求，既可作为高职高专工程造价、工程管理等专业的教材或参考用书，也可作为建筑工程造价管理相关岗位技能培训的教材及供建筑工程技术人员工作时参考使用。

版权专有　侵权必究

图书在版编目(CIP)数据

建筑工程定额与预算／杨勇，唐艳芬，蓝兴洲主编.—北京：北京理工大学出版社，2015.8（2019.7重印）

ISBN 978-7-5682-1069-0

Ⅰ.①建…　Ⅱ.①杨…　②唐…　③蓝…　Ⅲ.①建筑经济定额－高等学校－教材②建筑预算定额－高等学校－教材　Ⅳ.①TU723.3

中国版本图书馆CIP数据核字(2015)第190465号

出版发行／北京理工大学出版社有限责任公司

社　　　址／北京市海淀区中关村南大街5号

邮　　　编／100081

电　　　话／(010)68914775(总编室)

　　　　　　(010)82562903(教材售后服务热线)

　　　　　　(010)68948351(其他图书服务热线)

网　　　址／http://www.bitpress.com.cn

经　　　销／全国各地新华书店

印　　　刷／河北鸿祥信彩印刷有限公司

开　　　本／787毫米×1092毫米　1/16

印　　　张／8.5

插　　　页／8

字　　　数／206千字

版　　　次／2015年8月第1版　2019年7月第3次印刷

定　　　价／33.00元

责任编辑／周　磊

文案编辑／周　磊

责任校对／周瑞红

责任印制／边心超

图书出现印装质量问题，请拨打售后服务热线，本社负责调换

前言 FOREWORD

　　建筑工程定额与预算是按照高职高专院校工程造价等有关专业的教学要求，以岗位技能为出发点，根据工作过程的开发思想，对职业岗位能力分析后，以"工程计价"的核心能力和工作流程为依据，确定课程主线，逐步深入掌握工程造价确定知识，并兼顾其他能力培养，以适用于工作为导向的行动教学，使教师可以采取行动导向的教学力法，以培养实用和技能为主的技能应用型人才。本着这个思路我们编写了本教材。

　　本教材是按照建筑类高等职业技术教育有关专业的教学要求，以《建设工程工程量清单计价规范》（GB 50500—2013）和《广西壮族自治区建筑装饰装修工程量消耗量定额》（2013年版）及其配套定额为依据，以项目实例为依托，详细地讲述了建筑工程工程量计算方法，并附有典型的计算实例。全书以加强实践性和实用性为目的而编写，重点介绍了建筑工程造价依据和造价构成、基础工程项目、主体工程项目、屋面工程项目、装饰装修工程项目、措施项目费用等内容。

　　本教材由广西经济管理干部学院杨勇、广西经济管理干部学院唐艳芬、广西机电职业技术学院蓝兴洲担任主编，由广西机电职业技术学院郭容宽、广西电力职业技术学院陆世岩和广西工业职业技术学院陈美萍担任副主编。各章编写分工如下：第1章和第6章由杨勇、蓝兴洲编写，第2章和第4章由唐艳芬、陈美萍编写，第3章由陆世岩编写，第5章由郭容宽编写。

　　为了使工程造价等相关专业的学生和相关从业人员能够尽快掌握建筑工程定额与预算的相关知识，我们在编写本教材时，参阅了国内同行多部著作，部分高职高专院校老师也提出了很多宝贵意见供我们参考，在此谨向有关作者表示衷心地感谢！由于编者水平有限及编写时间仓促，书中不妥和错漏之处在所难免，恳请广大读者批评指正。

编　者

目 录 CONTENTS

第一章 工程造价依据和造价构成

第一节 工程项目概述

一、建设项目的概念与分类

1. 建设项目概念

建设项目就是一项固定资产投资项目，是指将一定量的投资，在一定的约束条件下按照一个科学的程序，经过决策和实施，最终形成固定资产特定目标的一次性建设任务。建设项目应满足下列要求：

(1)技术上，满足在一个总体设计或初步设计范围内。

(2)构成上，由一个或几个相互关联的单项工程所组成。

(3)过程中，实行统一核算、统一管理。

2. 建设项目分类

建设项目按照建设性质可分为新建项目、扩建项目、改建项目、迁建项目、恢复项目五类；按照建设规模可分为大型项目、中型项目和小型项目三类。更新改造项目按照投资额可分为限额以上项目和限额以下项目。

二、建设项目的组成

(1)单项工程：是指在一个建设项目中具有独立的设计文件，竣工后可以独立发挥生产能力或效益的工程。单项工程是建设项目的组成部分。

(2)单位工程：是指竣工后一般不能独立发挥生产能力或效益，但具有独立的设计图纸，可以独立组织施工的工程。它是单项工程的组成部分。按其构成又可将其分解为建筑工程和设备安装工程。

(3)分部工程：是单位工程的组成部分。按照工程部位、设备种类、使用材料的不同，可将一个单位工程分解为若干个分部工程。

(4)分项工程：是分部工程的组成部分。按照不同的施工方法、不同的材料、不同的规格，可将一个分部工程分解为若干个分项工程。

某大学扩建工程项目的组成如图 1-1 所示。

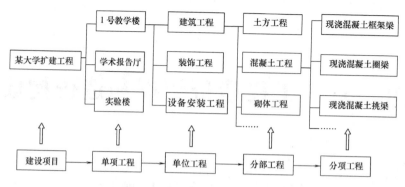

图1-1 某大学扩建工程项目的组成

三、项目建设程序及其特征

项目建设程序是指建设项目从决策、设计、招投标、施工到竣工验收的全过程中，各项工作必须遵循的先后次序(图1-2)。

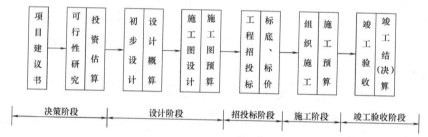

图1-2 项目建设程序表

(1)编制项目建议书阶段。编制项目建议书阶段是项目建设最初阶段的工作。项目建议书是要求建设某一具体工程项目的建议文件，是投资决策前对拟建项目轮廓的设想。

(2)可行性研究阶段。可行性研究是在项目建议书被批准后，对项目在技术上和经济上是否可行所进行的科学分析和论证。可行性研究是一个由粗到细的分析研究过程，可以分为初步可行性研究和详细可行性研究两个阶段。

(3)设计阶段(概算或预算)。设计阶段是要落实建设地点。通过设计招标或设计方案选定设计单位后，即开始初步设计文件的编制工作。根据建设项目的不同情况，设计过程一般划分为两个阶段，即初步设计阶段和施工图设计阶段。对于大型复杂项目，可根据不同行业的特点和需要，增加技术设计阶段(扩大初步设计阶段)。初步设计是设计的第一步，如果初步设计提出的总概算超过投资估算10％以上或其他主要指标需要变动时，要重新报批可行性研究报告。

(4)招投标阶段(商务标、合同价)。项目在开工建设之前，要切实做好各项准备工作。主要包括征地、拆迁、"三通一平"(水、电、道路通，场地平整)，组织施工材料订货，准备必要的施工图纸，组织施工招投标，择优选定施工单位。

(5)施工阶段(进度款)。项目经批准开工建设后，便进入到建设施工阶段。项目新开工时间，按设计文件中规定的任何一项永久性工程第一次正式破土开槽时间而定，不需开槽的以正式打桩作为开工时间,铁路、公路、水库等以开始进行土石方工程作为正式开工时间。在生产性建设项目竣工投产前,适时地由建设单位组织专门班子或机构,有计划地做好生产准备工作,包括招收、培训生产人员,落实原材料供应,组建生产管理机构,健全生产规章制度。生产准备是由建设阶段转入经营阶段前的一项重要工作。

(6)竣工验收阶段。工程竣工验收是项目建设程序的最后一步,是全面考核项目建设成果、检验设计和施工质量的重要步骤,也是建设项目转入生产和使用的标志。验收合格后,建设单位编制竣工决算,项目正式投入使用。

第二节　工程造价的构成

一、分部分项工程费

分部分项工程费是指各专业工程的分部分项工程应予列支的各项费用。

专业工程是指按现行国家计量规范划分的房屋建筑与装饰工程、仿古建筑工程、通用安装工程、市政工程、园林绿化工程、矿山工程、构筑物工程、城市轨道交通工程、爆破工程等各类工程。

分部分项工程是指按现行国家计量规范对各专业工程划分的项目。如房屋建筑与装饰工程划分的土石方工程、地基处理与桩基工程、砌筑工程、钢筋及钢筋混凝土工程等。

各类专业工程的分部分项工程划分见现行国家或行业计量规范。

$$分部分项工程费 = \sum[基本构造单元工程量(定额项目) \times 综合单价]$$

其中,　　　综合单价 = 人工费 + 材料费 + 机械费 + 管理费 + 利润

注:分部分项工程费中的管理费、利润均以"人工费 + 机械费"为计算基数。

(一)人工费

人工费是指按工资总额构成规定,支付给从事建筑安装工程施工的生产工人和附属生产单位工人的各项费用。主要内容包括:

(1)计时工资或计件工资:是指按计时工资标准和工作时间或对已做工作按计件单价支付给个人的劳动报酬。

(2)奖金:是指对超额劳动和增收节支支付给个人的劳动报酬。如节约奖、劳动竞赛奖等。

(3)津贴补贴:是指为了补偿职工特殊或额外的劳动消耗和因其他特殊原因支付给个人的津贴,以及为了保证职工工资水平不受物价影响支付给个人的物价补贴。如流动施工津贴、特殊地区施工津贴、高温(寒)作业临时津贴、高空津贴等。

(4)加班加点工资:是指按规定支付的在法定节假日工作的加班工资和在法定日工作时间外延时工作的加点工资。

(5)特殊情况下支付的工资：是指根据国家法律、法规和政策规定，因病、工伤、产假、计划生育假、婚丧假、事假、探亲假、定期休假、停工学习、执行国家或社会义务等原因按计时工资标准或计时工资标准的一定比例支付的工资。

(二)材料费

材料费是指施工过程中耗费的原材料、辅助材料、构配件、零件、半成品或成品、工程设备的费用。主要内容包括：

(1)材料原价：是指材料、工程设备的出厂价格或商家供应价格。

(2)运杂费：是指材料、工程设备自来源地运至工地仓库或指定堆放地点所发生的全部费用。

(3)运输损耗费：是指材料在运输装卸过程中不可避免的损耗。

(4)采购及保管费：是指为组织采购、供应和保管材料、工程设备的过程中所需要的各项费用。包括采购费、仓储费、工地保管费、仓储损耗。

工程设备是指构成或计划构成永久工程一部分的机电设备、金属结构设备、仪器装置及其他类似的设备和装置。

(三)施工机具使用费

施工机具使用费是指施工作业所发生的施工机械、仪器仪表使用费或其租赁费。

(1)施工机械使用费：以施工机械台班耗用量乘以施工机械台班单价表示，施工机械台班单价应由下列七项费用组成：

1)折旧费：是指施工机械在规定的使用年限内，陆续收回其原值的费用。

2)大修理费：是指施工机械按规定的大修理间隔台班进行必要的大修理，以恢复其正常功能所需的费用。

3)经常修理费：是指施工机械除大修理以外的各级保养和临时故障排除所需的费用。包括为保障机械正常运转所需替换设备与随机配备工具附具的摊销和维护费用，机械运转中日常保养所需润滑与擦拭的材料费用以及机械停滞期间的维护和保养费用等。

4)安拆费及场外运费：安拆费是指施工机械(大型机械除外)在现场进行安装与拆卸所需的人工、材料、机械和试运转费用以及机械辅助设施的折旧、搭设、拆除等费用；场外运费是指施工机械整体或分体自停放地点运至施工现场或由一施工地点运至另一施工地点的运输、装卸、辅助材料以及架线等费用。

5)人工费：是指机上司机(司炉)和其他操作人员的人工费。

6)燃料动力费：是指施工机械在运转作业中所消耗的各种燃料及水、电等。

7)税费：是指施工机械按照国家规定应缴纳的车船使用税、保险费及年检费等。

(2)仪器仪表使用费：是指工程施工所需使用的仪器仪表的摊销及维修费用。

(四)企业管理费

企业管理费是指建筑安装企业组织施工生产和经营管理所需的费用。主要内容包括：

(1)管理人员工资：是指按规定支付给管理人员的计时工资、奖金、津贴补贴、加班加点工资及特殊情况下支付的工资等。

（2）办公费：是指企业管理办公用的文具、纸张、账表、印刷、邮电、书报、办公软件、现场监控、会议、水电、烧水和集体取暖降温（包括现场临时宿舍取暖降温）等费用。

（3）差旅交通费：是指职工因公出差、调动工作的差旅费、住勤补助费，市内交通费和误餐补助费，职工探亲路费，劳动力招募费，职工退休、退职一次性路费，工伤人员就医路费，工地转移费以及管理部门使用的交通工具的油料、燃料等费用。

（4）固定资产使用费：是指管理和试验部门及附属生产单位使用的属于固定资产的房屋、设备、仪器等的折旧、大修、维修或租赁费。

（5）工具用具使用费：是指企业施工生产和管理使用的不属于固定资产的工具、器具、家具、交通工具和检验、试验、测绘、消防用具等的购置、维修和摊销费。

（6）劳动保险和职工福利费：是指由企业支付的职工退职金，按规定支付给离休干部的经费，集体福利费、夏季防暑降温、冬季取暖补贴、上下班交通补贴等。

（7）劳动保护费：是指企业按规定发放的劳动保护用品的支出。如工作服、手套、防暑降温饮料以及在有碍身体健康的环境中施工的保健费用等。

（8）检验试验费：是指施工企业按照有关标准规定，对建筑以及材料、构件和建筑安装物进行一般鉴定、检查所发生的费用，包括自设试验室进行试验所耗用的材料等费用，不包括新结构、新材料的试验费，对构件做破坏性试验及其他特殊要求检验试验的费用和建设单位委托检测机构进行检测的费用。对此类检测发生的费用，由建设单位在工程建设其他费用中列支。但对施工企业提供的具有合格证明的材料进行检测为不合格的，该检测费用由施工企业支付。

（9）工会经费：是指企业按《工会法》规定的全部职工工资总额比例计提的工会经费。

（10）职工教育经费：是指按职工工资总额的规定比例计提，企业为职工进行专业技术和职业技能培训，专业技术人员继续教育、职工职业技能鉴定、职业资格认定以及根据需要对职工进行各类文化教育所发生的费用。

（11）财产保险费：是指施工管理用财产、车辆等的保险费用。

（12）财务费：是指企业为施工生产筹集资金或提供预付款担保、履约担保、职工工资支付担保等所发生的各种费用。

（13）税金：是指企业按规定缴纳的房产税、车船使用税、土地使用税、印花税等。

（14）其他：包括技术转让费、技术开发费、投标费、业务招待费、绿化费、广告费、公证费、法律顾问费、审计费、咨询费、保险费等。

（五）利润

利润是指施工企业完成所承包工程获得的盈利。

二、措施项目费

措施项目费是指为完成工程项目施工，发生于该工程施工准备和施工过程中的技术、生活、安全、环境保护等方面的费用。措施项目费又分为单价措施项目费和总价措施项目费。单价措施项目费指措施项目中以单价计价的项目；总价措施项目费指措施项目中以总价计价的项目。单价措施项目费包括脚手架工程费、垂直运输费用、建筑超高加压水泵费、混凝土模板及支架(撑)费、混凝土运输及泵送工程费、大型机械设备进出场及安拆费、施工排水降水费、二次搬运费、已完工程保护费、夜间施工增加费十项费用。

(1)脚手架工程费：是指施工需要的各种脚手架搭、拆、运输费用以及脚手架购置费的摊销(或租赁)费用。

(2)垂直运输费用：是指现场所用材料、机具从地面运至相应高度以及职工人员上下工作面等所发生的运输费用。

(3)建筑超高加压水泵费：超高加压水泵台班主要考虑自来水水压不足所需要增压的加压水泵台班。

(4)混凝土模板及支架(撑)费：模板工程是指支撑新浇筑混凝土的整个系统，是由模板、支撑及紧固件等组成。模板是新浇筑混凝土成型并养护，使之达到一定强度以承受自重的临时性结构并能拆除的模型板。

(5)混凝土运输及泵送工程费：是指运输混凝土和泵送混凝土的费用。

(6)大型机械设备进出场及安拆费：是指机械整体或分体自停放场地运至施工现场或由一个施工地点运至另一个施工地点，所发生的机械进出场运输与转移费用以及机械在施工现场进行安装、拆卸所需的人工费、材料费、机械费、试运转费和安装所需的辅助设施的费用。

(7)施工排水降水费：是指为确保工程在正常条件下施工，采取各种排水、降水措施所发生的各种费用。

(8)二次搬运费：是指因施工场地条件限制而发生的材料、构配件、半成品等一次运输不能到达堆放地点，必须进行二次或多次搬运所发生的费用。

(9)已完工程保护费：是指竣工验收前，对已完工程及设备采取的必要保护措施所发生的费用。

(10)夜间施工增加费：是指因夜间施工所发生的夜班补助费、夜间施工降效、夜间施工照明设备摊销及照明用电等费用。

$$单价措施项目费 = \sum[基本构造单元工程量(定额项目) \times 综合单价]$$

其中，   综合单价 = 人工费 + 材料费 + 机械费 + 管理费 + 利润

注：单价措施项目费中的管理费和利润均以"人工费 + 机械费"为计算基数。

总价措施项目费内容见表 1-1、表 1-2。

表 1-1　总价措施一览表

序号	项目名称	说　　明
1	安全文明施工费	在合同履行过程中，承包人按照国家法律、法规、标准等规定，为保证安全施工、文明施工，保护现场内外环境和搭设临时设施等所采用的措施而发生的费用

序号	项目名称	说 明
2	检验试验配合费	施工单位按照规定进行建筑材料、构配件等试样的制作、封样、送检和其他保证工程质量进行的检验试验所发生的费用
3	雨季施工增加费	在雨季施工期间所增加的费用。包括防雨和排水措施、工效降低的费用
4	工程定位复测费	工程施工过程中进行全部施工测量放线和复测工作的费用
5	暗室施工增加费	在地下室(暗室)内进行施工所发生的照明费、照明设施摊销及人工降效费
6	交叉施工补贴	建筑装饰装修工程及设备安装工程进行交叉作业而相互影响的费用
7	特殊保健费	在有毒有害气体和有放射性物质区域内的施工人员的保健费,与建设单位职工享受同等特殊保健津贴
8	在有害身体健康环境中施工增加费	在有害身体健康环境中施工所增加的费用
9	优良工程增加费	招标人要求承包人完成单位工程质量达到合同约定的优良工程所必须增加的施工成本费
10	提前竣工增加费	在工程发包时发包人要求压缩工期天数超过定额工期的20%或者在施工过程中发包人要求缩短合同工期,由此产生的应由发包人支付的费用

表 1-2 总价措施费率取定表

序号	项目名称		计算基数	费率		
				市区	城镇	其他
1	安全文明施工	分类	$\sum$(分部分项、单价措施项目人工费＋材料费＋机械费)			
		S≤10 000 m²		6.96%	5.93%	4.87%
		10 000 m²＜S≤30 000 m²		6.10%	5.20%	4.27%
		S＞30 000 m²		5.24%	4.46%	3.67%
2	检验试验配合费			0.10%		
3	雨季施工增加费			0.50%		
4	工程定位复测费			0.05%		
5	优良工程增加费		$\sum$(分部分项、单价措施人工费＋材料费＋机械费)	3%～5%		
6	暗室施工增加费		暗室项目施工定额人工费	25%		
7	交叉施工补贴		交叉项目施工定额人工费	10%		
8	特殊保健费		保健项目施工定额人工费	厂区10%、车间20%		
9	夜间施工增加费		夜间施工工日	15元/工日		
10	提前竣工增加费		按照有关方案计算			

注:S指单位工程建筑面积。

三、其他项目费

（1）暂列金额：是指建设单位在工程量清单中暂定并包括在工程合同价款中的一笔款项。用于施工合同签订时尚未确定或者不可预见的所需材料、工程设备、服务的采购，施工中可能发生的工程变更、合同约定调整因素出现时的工程价款调整以及发生的索赔、现场签证确认等的费用。

（2）暂估价：是指招标人在工程量清单中提供的用于支付必然发生但暂时不能确定价格的材料、工程设备以及专业工程的金额。

（3）计日工：是指在施工过程中，施工企业完成建设单位提出的施工图纸以外的零星项目或工作所需的费用。

（4）总承包服务费：是指总承包人为配合、协调建设单位进行的专业工程发包，对建设单位自行采购的材料、工程设备等进行保管以及施工现场管理、竣工资料汇总整理等服务所需的费用。甲供材料保管费是指发包人供应的材料需要总承包人接受及保管的费用。

（5）停工窝工损失费：是指建筑企业进入现场后，由于设计变更、停水、停电累计超过8小时以及按规定应由建设单位承担责任的原因造成的、现场调剂不了的停工、窝工损失费用。

（6）机械台班停滞费：是指非承包商原因造成的机械停滞所发生的费用。

其他项目费率的取定见表1-3。

表1-3　其他项目费率取定表

序号	项目名称	计算基数	计算费率/%
1	暂列金额	∑（分部分项工程费＋单价措施项目费）	5～10
2	暂估价		
2.1	材料暂估价	按照实际发生计算	
2.2	专业工程暂估价		
3	总承包服务费		
3.1	总分包管理费	分包工程总价	1.50
3.2	总分包配合费		3.50
3.3	甲供材料的采购保管费		按规定计算
4	计日工	按暂定工程量×相应单价	
5	停工窝工损失费	停工窝工工日数（工日）	30元/工日
6	机械台班停滞费	签证停滞台班×机械台班停滞费	系数1.1

注：采用信息价的计日工（包括人工、材料、机械），计日工综合单价＝相应信息价×1.3综合费率。

四、规费与税金

规费是指按国家法律、法规规定，由省级政府和省级有关权力部门规定必须缴纳或计取的费用。主要包括：

(1)建安劳保费。

1)养老保险费：是指企业按照规定标准为职工缴纳的基本养老保险费。

2)失业保险费：是指企业按照规定标准为职工缴纳的失业保险费。

3)医疗保险费：是指企业按照规定标准为职工缴纳的基本医疗保险费。

4)生育保险费：是指企业按照规定标准为职工缴纳的生育保险费。

5)工伤保险费：是指企业按照规定标准为职工缴纳的工伤保险费。

(2)住房公积金：是指企业按规定标准为职工缴纳的住房公积金。

(3)工程排污费：是指按规定缴纳的施工现场工程排污费。

税金是指国家税法规定的应计入建筑安装工程造价内的营业税、城市维护建设税、教育费附加以及地方教育附加。规费、税金费率取定见表1-4。

表1-4 规费、税金费率取定表

序号	项目名称	计算基数	计算费率/%		
1	建安劳保费	∑(分部分项人工费＋单价措施项目人工费)	27.93		
2	生育保险费		1.16		
3	工伤保险费		1.28		
4	住房公积金		1.85		
5	工程排污费	∑(分部分项、单价措施项目人工费＋材料费＋机械费)	0.20～0.40		
6	税金	∑(分部分项工程和单价措施项目费＋总价措施项目费＋其他项目费＋税前项目费＋规费)	市区	城镇	其他
			3.58	3.51	3.38

注：建筑面积＜10 000 m² 取高值，10 000 m²≤建筑面积≤30 000 m² 取中值，建筑面积＞30 000 m² 取低值。

五、编制工程总造价

单位工程汇总表见表1-5。

表1 5 单位工程汇总表

序号	汇总内容	金额/元	备注
1	分部分项工程和单价措施项目费用计价合计		
1.1	其中：暂估价		
2	总价措施项目费用计价合计		
2.1	其中：安全文明施工费		
3	其他项目费计价合计		
4	税前项目费计价合计		

序号	汇总内容	金额/元	备注
5	规费、税金计价合计		
5.1	其中：建安劳保费		
6	工程总造价=1+2+3+4+5		

六、造价构成综合技能案例

某市区住宅建筑工程，建筑面积为 8 000 m²，包工包料，经过施工图计算可得数据，见表 1-6。

表 1-6　分部分项和单价措施项目人、材、机数据

项目名称	人工费	材料费	机械费
分部分项工程费	30 万元	60 万元	10 万元
单价措施项目费	5 万元	20 万元	3 万元

总价措施项目费用包括安全文明施工费、检验试验配合费、雨季施工增加费、工程定位复测费；其他项目费用包括暂列金额，费率为 8%，铝塑板幕墙专业工程暂估价为 3 万元；税前项目费为 5 万元。根据现行广西壮族自治区的规定编制工程总造价(结果保留两位小数)。

【解】

(1)分部分项工程与单价措施项目费用=149.95(万元)

1)分部分项工程费=(30+60+10)+(30+10)×(35.72%+10%)=118.29(万元)

2)单价措施项目费用=(5+20+3)+(5+3)×(35.72%+10%)=31.66(万元)

汇总：118.29+31.66=149.95(万元)

(2)总价措施项目费用=9.74(万元)

1)安全文明施工费=(30+60+10+5+20+3)×6.96%=8.91(万元)

2)检验试验配合费=(30+60+10+5+20+3)×0.10%=0.13(万元)

3)雨季施工增加费=(30+60+10+5+20+3)×0.50%=0.64(万元)

4)工程定位复测费=(30+60+10+5+20+3)×0.05%=0.06(万元)

汇总：8.91+0.13+0.64+0.06=9.74(万元)

(3)其他项目费用=12.93(万元)

1)暂列金额=(149.95+9.74)×8%=12.78(万元)

2)总承包服务费=3×(1.5+3.5)%=0.15(万元)

汇总：12.78+0.15=12.93(万元)

(4)税前项目费用=5.00(万元)

(5)规费与税金费用＝18.58(万元)

1)规费＝11.80(万元)

①建安劳保费＝(30＋5)×27.93％＝9.78(万元)

②生育保险费＝(30＋5)×1.16％＝0.41(万元)

③工伤保险费＝(30＋5)×1.28％＝0.45(万元)

④住房公积金＝(30＋5)×1.85％－0.65(万元)

⑤工程排污费＝(30＋60＋10＋5＋20＋3)×0.40％＝0.51(万元)

汇总：9.78＋0.41＋0.45＋0.65＋0.51＝11.80(万元)

2)税金＝(118.29＋31.66＋9.74＋12.93＋5＋11.80)×3.58％＝6.78(万元)

汇总：11.80＋6.78＝18.58(万元)

(6)工程总造价＝149.95＋9.74＋12.93＋5.00＋18.58＝196.20(万元)

第三节　工程造价的依据

一、预算定额的概念和用途

1. 预算定额的概念

预算定额是指规定消耗在单位工程基本结构要素上的劳动力、材料和机械数量上的标准，是计算建筑安装产品价格的基础。预算定额属于计价定额。预算定额是工程建设中一项重要的技术经济指标，反映了完成单位分项工程消耗的活劳动和物化劳动的数量限制。这种限度最终决定着单项工程和单位工程的成本和造价。

预算定额是以建筑物或构筑物各个分部分项工程为对象编制的定额，是以施工定额为基础综合扩大编制的，同时也是编制概算定额的基础。

2. 预算定额的用途

(1)预算定额是编制施工图预算、确定和控制建筑安装工程造价的基础。施工图预算是施工图设计文件之一，是控制和确定建筑安装工程造价的必要手段。编制施工图预算，除设计文件确定的建设工程的功能、规模、尺寸和文字说明是计算分部分项工程量和结构构件数量的依据外，预算定额是确定一定计量单位工程人工、材料、机械消耗量的依据，也是计算分项工程单价的基础。

(2)预算定额是对设计方案进行技术经济比较、技术经济分析的依据。设计方案在设计工作中居于中心地位。设计方案的选择要满足功能、符合设计规范，既要技术先进又要经济合理。根据预算定额对方案进行技术经济分析和比较，是选择经济合理设计方案的重要方法。对设计方案进行比较，主要是通过定额对不同方案所需人工、材料和机械台班消耗量等进行比较。这种比较可以判明不同方案对工程造价的影响。对于新结构、新材料的应用和推广，也需要借助于预算定额进行技术分项和比较，从技术与经济的结合上考虑普遍采用的可能性和效益。

（3）预算定额是施工企业进行经济活动分析的参考依据。实行经济核算的根本目的，是用经济的方法促使企业在保证质量和工期的条件下，用较少的劳动消耗取得预定的经济效果。我国的预算定额仍决定着企业的收入，企业必须以预算定额作为评价企业工作的重要标准。企业可根据预算定额，对施工中的劳动、材料、机械的消耗情况进行具体的分析，以便找出低工效、高消耗的薄弱环节及其原因。为实现经济效益的增长由粗放型向集约型转变，提供对比数据，促进企业提供在市场上的竞争的能力。

（4）预算定额是编制标底、投标报价的基础。在深化改革中，在市场经济体制下预算定额作为编制标底的依据和施工企业报价的基础的作用仍将存在，这是由于它本身的科学性和权威性决定的。

（5）预算定额是编制概算定额和估算指标的基础。概算定额和估算指标是在预算定额基础上经综合扩大编制的，也需要利用预算定额作为编制依据，这样做不但可以节省编制工作中的人力、物力和时间，收到事半功倍的效果，还可以使概算定额和概算指标在水平上与预算定额一致，以避免造成执行中的不一致。

二、预算定额的组成和应用

1. 预算定额的组成

2013 年版广西壮族自治区建筑装饰装修工程消耗量定额包括《广西壮族自治区建筑装饰装修工程消耗量定额（上、下册）》《广西壮族自治区建筑装饰装修工程人工材料配合比机械台班基期价》《广西壮族自治区建筑装饰装修工程费用定额》四本。《广西壮族自治区建筑装饰装修工程消耗量定额（上、下册）》主要用来编制综合单价；《广西壮族自治区建筑装饰装修工程人工材料配合比机械台班基期价》用来进行人工、材料、机械台班单价的换算；《广西建筑装饰装修工程费用定额》配合其他册定额一起作为编制设计概算、施工图预算、招标控制价、投标报价、竣工结算等的计价依据。

下面主要讲解《广西壮族自治区建筑装饰装修工程消耗量定额（上、下册）》的应用，定额手册包括目录、总说明、建筑面积计算规则、各章说明、工程量计算规则、工作内容、计量单位、定额项目表、附注。其中应用最多的为定额项目表，见表 1-7。

表 1-7　定额项目表

工作内容：清理、湿润模板、浇捣、振捣、养护。　　　　　　　　　　　　　　　　单位：10 m³

定额编号	A4—18	A4—19	A4—20
项　　目	混凝土柱		
	矩形	圆形、多边形	构造柱
参考基价/元	3 039.13	3 093.58	3 196.36

定额编号				A4—18	A4—19	A4—20
其中	人工费/元			387.03	412.68	515.28
	材料费/元			2 666.89	2 665.69	2 665.87
	机械费/元			15.21	15.21	15.21
编码	名称	单位	单价/元	数量		
041401036	砾石 GD40 商品普通混凝土 C20	m³	260.00	10.150	10.150	10.150
310104065	水	m³	3.40	0.910	0.740	0.820
021701004	草袋	m²	4.50	1.000	0.860	0.840
J06090102	插入式振捣器	台班	12.27	1.240	1.240	1.240

2. 预算定额的应用

定额的应用包括两个方面：一是根据定额分部、分项工程划分方法和工程量计算规则，列项计算出项目工程量，这部分内容主要在后面章节讲解；二是正确使用定额（套定额），并且在必要时进行换算或补充，这是本节的重点内容。定额手册的使用主要有三种方式：直接套用、换算套用、补充套用。套用定额主要是编制综合单价。综合单价的编制见表1-8，综合单价专业分类见表1-9。

管理费率和利润费率的取值根据不同的专业采用不同的数值，见表1-10。

表 1-8　综合单价编制表

序号	组成内容	计算方法 以"人工费+机械费"为计算基数	备注
A	人工费	消耗定额子目人工费	
B	材料费	∑（定额子目消耗量×相应材料单价）	
C	机械费	∑（定额子目消耗量×相应机械单价）	
D	管理费	(A+C)×管理费费率	
E	利润	(A+C)×利润费率	
	小计	A+B+C+D+E	

表 1-9　综合单价专业分类表

序号	名　　称	建筑装饰装修消耗量定额章节
1	建筑工程	A3、A4、A5、A6、A7、A8、A15、A17、A19.1、A20.1
2	装饰装修工程	A9、A10、A11、A12、A13、A17、A14、A19.1、A19.3、A22
3	土石方及其他	A1、A16、A18、A19.3、A20.2、A20.3、A21
4	地基基础及桩基础工程	A2

表 1-10 综合单价费率取定表

序号	名称	计算基数	管理费率/%	利润费率/%
1	建筑工程	∑(分部分项、单价措施人工费＋机械费)	32.15～39.29	0～20
2	装饰装修工程		26.79～32.75	0～16.67
3	土石方及其他		8.46～10.34	0～5.26
4	地基基础及桩基础工程		13.39～16.37	0～8.30

（1）直接套用。

采用"对号入座、直接应用"的方法，其具体操作：根据施工图样，对分项工程施工方法、设计要求等了解清楚，选择套用相应的消耗量定额子目；明确分项工程的内容（包括做法、用料规格、计量单位等）与消耗量定额子目规定的工作内容是否一致；根据选套的消耗量定额子目查得该分项工程的人工、材料、机械台班消耗量指标，将其分别列入工程资源消耗量计算表中。

下面通过一些例题来阐述综合单价的编制方法。

【例 1-1】 某土方为二类土，人工开挖，深度为 1.2 m，根据广西壮族自治区现行定额（表 1-11）计算开挖 100 m³ 土方的综合单价。

表 1-11 挖土方定额项目表（摘录）

工作内容：挖土、装土、修整边坡。　　　　　　　　　　　　　　　　　　　　单位：100 m³

定额编号		A1—3	A1—4	A1—5
项　目		挖土深度 1.5 m 以内		
		一、二类土	三类土	四类土
参考基价/元		901.92	1 631.04	2 499.84
其中	人工费/元	901.92	1 631.04	2 499.84
	材料费/元	—	—	—
	机械费/元	—	—	—

【解】 直接套用 13 定额（表 1-11），取费为土石方及其他，计算过程见表 1-12。

表 1-12 挖土方综合单价计算表

序号	组成内容	计算方法	备注
		以"人工费＋机械费"为计算基数	
A	人工费	901.92	查定额
B	材料费	0	查定额
C	机械费	0	查定额

序号	组成内容	计算方法 以"人工费＋机械费"为计算基数	备注
D	管理费	(901.92＋0)×9.4%＝84.78	
E	利润	(901.92＋0)×2.63%＝23.72	
	小计	901.92＋0＋0＋84.78＋23.72＝1 010.42	

(2)换算套用。

具体操作：消耗量定额的换算或调整，必须在消耗量定额规则规定的范围内进行。当分项工程定额子目进行换算后，应在其消耗量定额编号右边注明一个"换"字，以示区别，如 A1－107 换。

消耗量定额换算主要包括配合比和砂浆不同的换算、系数换算、其他换算三种类型。其中其他换算又可以分为厚度换算、运距换算、高度换算三类。

情况一：配合比和砂浆不同的换算

换算后的基价＝原来的定额基价＋定额消耗量×(换入单价－换出单价)

【例 1-2】 某工程混凝土 C30 矩形柱，采用非泵送商品混凝土，共浇筑 3.76 m³，当期 C30 混凝土信息价为 330 元/m³。根据广西壮族自治区现行定额(表 1-13)计算混凝土柱的综合单价。

表 1-13 混凝土柱定额项目表(摘录)

工作内容：清理、湿润模板、浇捣、振捣、养护。 单位：10 m³

定额编号					A4—18	A4—19	A4—20
项 目					混凝土柱		
					矩形	圆形、多边形	构造柱
参考基价/元					3 069.13	3 093.58	3 196.36
其中	人工费/元				387.03	412.68	515.28
	材料费/元				2 666.89	2 665.69	2 665.87
	机械费/元				15.21	15.21	15.21
编码	名称	单位	单价/元		数量		
041401036	砾石 GD40 商品普通混凝土 C20	m³	260.00		10.150	10.150	10.150
310104065	水	m³	3.40		0.910	0.740	0.820
021701004	草袋	m²	4.50		1.000	0.860	0.840
J06090102	插入式振捣器	台班	12.27		1.240	1.240	1.240

【解】 换算套用 13 定额(表 1-13)，取费为建筑工程，计算过程见表 1-14。

表 1-14　混凝土柱综合单价计算表

序号	组成内容	计算方法 以"人工费+机械费"为计算基数	备　注
A	人工费	387.03+210×1.015=600.18	查定额
B	材料费	2 666.89+10.15×(330-260)=3 377.39	查定额
C	机械费	15.21	查定额
D	管理费	(600.18+15.21)×35.72%=219.82	
E	利润	(600.18+15.21)×10%=61.54	
	小计	600.18+3 377.39+15.21+219.82+61.54=4 274.14	

情况二：系数换算

采用"人工×规定系数、材料×规定系数、机械×规定系数"，主要是查看定额说明确定是否进行系数换算。

【例 1-3】　某框架结构建筑，建筑面积为 5 000 m²，垂直运输 20 m 以内，施工方案配塔吊、卷扬机，采用泵送混凝土，根据广西壮族自治区现行定额(表 1-15)计算垂直运输的综合单价。

表 1-15　垂直运输定额项目表(摘录)

工作内容：单位工程在合理工期内完成全部工程所需的卷扬机、塔吊、外用电梯等机械台班和通信联络配置人工。

单位：100 m²

定额编号					A16—1	A16—2	A16—3	A16—4
项　　目					建筑物垂直运输高度 20 m 以内			
					混合结构	框架结构	混合结构	框架结构
					卷扬机		塔吊、卷扬机	
参考基价/元					1 756.21	2 206.53	1 586.93	1 778.30
其中	人工费/元				—	—	—	—
	材料费/元				—	—	—	—
	机械费/元				1 756.21	2 206.53	1 586.93	1 778.30
编码	名称	单位	单价/元		数量			
990531002	电动卷扬机(牵引力 10 kN)	台班	109.45		9.360	11.760	5.100	6.120
990521001	卷扬机(架高 40 m 以内)	台班	78.18		9.360	11.760	5.100	6.120
990511001	自升式塔式起重机(250 kN·m)	台班	308.83		—	—	2.040	2.040

【解】　换算套用 13 定额(表 1-15)，取费为土石方及其他，定额说明为如采用泵送混凝工时，定额子目中的塔吊机械台班应乘以系数 0.8，计算过程见表 1-16。

表 1-16　垂直运输综合单价计算表

序号	组成内容	计算方法	备　注
		以"人工费＋机械费"为计算基数	
A	人工费	0	查定额
B	材料费	0	查定额
C	机械费	$1\ 778.30-2.04\times308.83+2.04\times308.83\times0.8=1\ 652.30$	查定额
D	管理费	$(0+1\ 652.30)\times9.4\%=155.32$	
E	利润	$(0+1\ 652.30)\times2.63\%=43.46$	
	小计	$0+0+1\ 652.30+155.32+43.46=1\ 851.08$	

情况三：其他换算

采用"换算后的基价＝基本定额基价＋增加定额基价×n"，n 代表增加的厚度、运距、高度倍数。

【例 1-4】　某柱面抹 1∶3 水泥砂浆找平层厚 30 mm 共 12 m²。根据广西壮族自治区现行定额(表1-17)计算抹灰层的综合单价。

表 1-17　柱抹灰定额项目表(摘录)

工作内容：1. 清理基层、调运砂浆、抹平、压实。2. 刷素水泥浆。　　　　　　　　　　　　单位：100 m²

定额编号					A9—1	A9—3
项　　目					混凝土柱	
					水泥砂浆找平层	
					混凝土或硬基层上 20 mm	每增减 5 mm
参考基价/元					1 054.75	218.24
其中	人工费/元				499.89	90.06
	材料费/元				524.03	120.02
	机械费/元				30.83	8.16
编码	名称	单位	单价/元	数量		
880200029	素水泥浆	m³	465.95	0.10		—
880200005	水泥砂浆 1∶3	m³	235.34	2.020		0.510
310101065	水	m³	3.40	0.600		—
990317001	插入式振捣器	台班	90.67	0.340		0.09

【解】　换算套用 13 定额(表 1-17)，取费为装饰装修工程，计算过程见表 1-18。

表 1-18 柱抹灰综合单价计算表

序号	组成内容	计算方法	备注
		以"人工费+机械费"为计算基数	
A	人工费	499.89+90.06×2=680.01	查定额
B	材料费	524.03+120.02×2=764.07	查定额
C	机械费	30.83+8.16×2=47.15	查定额
D	管理费	(680.01+47.15)×29.77%=216.48	
E	利润	(680.01+47.15)×8.335%=60.61	
	小计	680.01+764.07+47.15+216.48+60.61=1 768.32	

【例 1-5】 某工程人工运土方共 12 m²，运距为 120 m。根据广西壮族自治区现行定额（表 1-19）计算人工运土方的综合单价。

表 1-19 运土方定额项目表(摘录)

工作内容：人工运土方、淤泥，包括装、运、卸土、淤泥及平整。　　　　　　　　　　　　　单位：100 m³

定额编号		A1—106	A1—107	A1—108	A1—109
项　目		人工运土方		人工运淤泥	
		运距 20 m 以内	200 m 以内每增加 20 m	运距 20 m 以内	200 m 以内每增加 20 m
参考基价/元		938.40	209.76	1 799.52	414.24
其中	人工费/元	938.40	209.76	1 799.52	414.24
	材料费/元	—	—	—	—
	机械费/元	—	—	—	—

【解】 换算套用 13 定额（表 1-19），取费为土石方及其他，计算过程见表 1-20。

表 1-20 运土方综合单价计算表

序号	组成内容	计算方法	备注
		以"人工费+机械费"为计算基数	
A	人工费	938.4+209.76×5=1 987.2	查定额
B	材料费	0	查定额
C	机械费	0	查定额
D	管理费	(1 987.2+0)×9.4%=186.797	
E	利润	(1 987.2+0)×2.63%=52.263	
	小计	1 987.2+0+0+186.797+52.263=2 226.26	

第四节　建筑面积计算

一、建筑面积的概念和作用

1. 建筑面积的概念

建筑面积亦称建筑展开面积，是指建筑物各层面积之和。建筑面积包括使用面积、辅助面积和结构面积。使用面积是指建筑物各层平面布置中，可直接为生产或生活使用的净面积之和。居室净面积在民用建筑中，亦称"居住面积"。辅助面积，是指建筑物各层平面布置中为辅助生产或生活所占净面积的总和。使用面积与辅助面积的总和称为"有效面积"。结构面积是指建筑物各层平面布置中的墙体、柱等结构所占面积的总和。

2. 建筑面积的作用

计算建筑面积的作用，具体表现在以下几个方面：

(1)它是确定建设规模的重要指标。根据项目立项批准文件所核准的建筑面积，是初步设计的重要控制指标。按规定施工图的建筑面积不得超过初步设计的5％，否则必须重新报批。

(2)它是确定各项技术经济指标的基础。建筑面积是确定每平方米建筑面积的造价和工程用量的基础性指标，即：

$$工程单位面积造价 = \frac{工程造价}{建筑面积}$$

(3)它是选择概算指标和编制概算的主要依据。概算指标通常是以建筑面积为计量单位。用概算指标编制概算时，要以建筑面积为计量基础。

二、建筑面积综合技能案例

(一) 主体结构的建筑面积

1. 地上主体结构的建筑面积

建筑物的建筑面积应按自然层外墙结构外围水平面积之和计算。结构层高在 2.20 m 及以上的，应计算全面积；结构层高在 2.20 m 以下的，应计算 1/2 面积。

(1)建筑物内设有局部楼层时，对于局部楼层的二层及以上楼层，有围护结构的应按其围护结构外围水平面积计算，无围护结构的应按其结构底板水平面积计算，结构层高在 2.20 m 及以上的，应计算全面积，结构层高在 2.20 m 以下的，应计算 1/2 面积。有顶盖的采光井应按一层计算面积，结构净高在 2.10 m 及以上的，应计算全面积；结构净高在 2.10 m 以下的，应计算 1/2 面积。

【例 1-6】　计算图 1-3 所示单层建筑的建筑面积(墙厚 240 mm)。

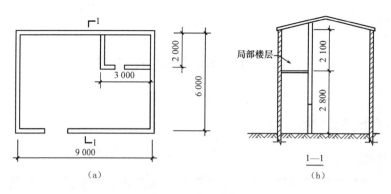

图 1-3　单层建筑

(a)平面图；(b)1—1 剖面图

【解】　建筑面积＝(9＋0.24)×(6＋0.24)＋(3＋0.24)×(2＋0.24)＝64.92(m²)

(2)对于形成建筑空间的坡屋顶，结构净高在 2.10 m 及以上的部位应计算全面积；结构净高在 1.20 m 及以上至 2.10 m 以下的部位应计算 1/2 面积；结构净高在 1.20 m 以下的部位不应计算建筑面积。

注：净高指楼面(地面)至上部楼板底面或吊顶底面的垂直距离。

【例 1-7】　计算图 1-4 所示斜坡屋顶的建筑面积。

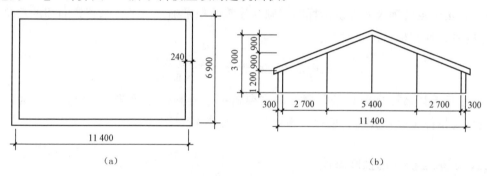

图 1-4　斜坡屋顶

(a)平面图；(b)立面图

【解】　建筑面积＝5.4×(6.9＋0.24)＋2.7×(6.9＋0.24)/0.5×2＝57.83(m²)

(3)建筑物架空层及坡地建筑物吊脚架空层，应按其顶板水平投影计算建筑面积。结构层高在 2.20 m 及以上的，应计算全面积；结构层高在 2.20 m 以下的，应计算 1/2 面积。

(4)对于建筑物内的设备层、管道层、避难层等有结构层的楼层，结构层高在 2.20 m 及以上的，应计算全面积；结构层高在 2.20 m 以下的，应计算 1/2 面积。

2. 地下主体结构的建筑面积

地下室、半地下室应按其结构外围水平面积计算。结构层高在 2.20 m 及以上的，应计算全面积；结构层高在 2.20 m 以下的，应计算 1/2 面积。出入口外墙外侧坡道有顶盖的部位，应按其外墙结构外围水平面积的 1/2 计算面积。

【例 1-8】　计算图 1-5 所示地下室的建筑面积。

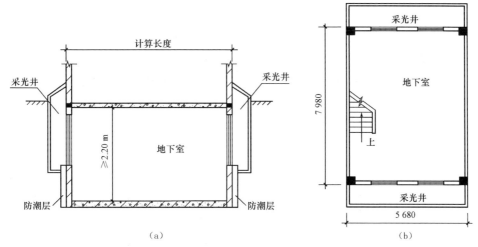

图 1-5 地下室建筑

(a)剖面图；(b)平面图

【解】 建筑面积＝5.68×7.98＝45.33（m²）

(二) 辅助结构的建筑面积

1. 室外水平交通的建筑面积

(1)有围护设施的室外走廊(挑廊)，应按其结构底板水平投影面积计算 1/2 面积；有围护设施(或柱)的檐廊，应按其围护设施(或柱)外围水平面积计算 1/2 面积。

注：围护设施是指为保障安全而设置的栏杆、栏板等围挡。

(2)对于建筑物间的架空走廊，有顶盖和围护结构的，应按其围护结构外围水平面积计算全面积；无围护结构、有围护设施的，应按其结构底板水平投影面积计算 1/2 面积(有围护按房间、无围护按走廊)。

【例 1-9】 计算图 1-6 所示有围护走廊建筑的建筑面积(层高 3 m)。

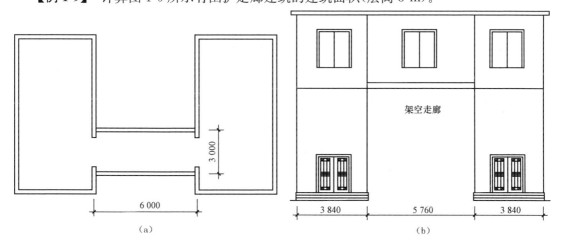

图 1-6 有围护走廊建筑

(a)平面图；(b)立面图

【解】 建筑面积＝(6−0.24)×(3+0.24)＝18.66(m²)

2. 室外竖直交通的建筑面积

室外楼梯应并入所依附建筑物自然层，并应按其水平投影面积的1/2计算建筑面积。

【例1-10】 某三层建筑物如图1-7所示，试计算室外楼梯的建筑面积。

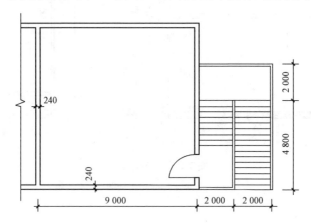

图1-7 某三层建筑室外楼梯平面图

【解】 建筑面积＝(4−0.12)×(4.8×2)×(2×0.5)×2＝26.384(m²)

3. 室内竖直交通和通道的建筑面积

建筑物的室内楼梯、电梯井(图1-8)、提物井、管道井、通风排气竖井、烟道井，应并入建筑物的自然层计算建筑面积。

注：自然层是指按楼地面结构分层的楼层。

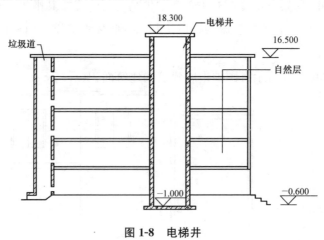

图1-8 电梯井

4. 室内"水平交通"的建筑面积

建筑物的门厅、大厅应按一层计算建筑面积，门厅、大厅内设置的走廊应按走廊结构底板水平投影面积计算建筑面积。结构层高在2.20 m及以上的，应计算全面积；结构层高在2.20 m以下的，应计算1/2面积。

【例1-11】 某建筑物如图1-9所示，试计算回廊的建筑面积。

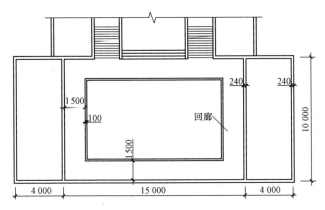

图1-9 某建筑物

【解】 若层高大于2.20 m，则

建筑面积=(15−0.24)×1.6×2+(10−0.24−1.6×2)×1.6×2=68.22(m²)

若层高小于等于2.20 m，则

建筑面积=[(15−0.24)×1.6×2+(10−0.24−1.6×2)×1.6×2)]×0.5=34.11(m²)

5. 室外"凸出构件"的建筑面积

设在建筑物顶部的、有围护结构的楼梯间、水箱间、电梯机房等，结构层高在2.20 m及以上的应计算全面积；结构层高在2.20 m以下的，应计算1/2面积。

【例1-12】 某建筑如图1-10所示，试计算水箱间建筑面积。

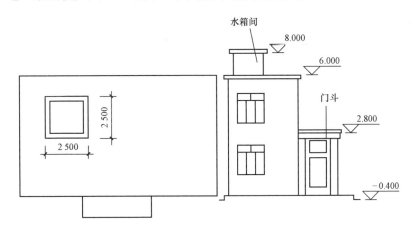

图1-10 某建筑物屋顶水箱间

【解】 建筑面积=2.5×2.5×0.5=3.13(m²)

6. 室外"悬挑构件"的建筑面积

(1)有柱雨篷应按其结构底板水平投影面积的1/2计算建筑面积；无柱雨篷的结构外边线至外墙结构外边线的宽度在2.10 m及以上的，应按雨篷结构底板的水平投影面积的1/2计算建筑面积。

【例 1-13】 某建筑物如图 1-11 所示，计算雨篷的建筑面积。

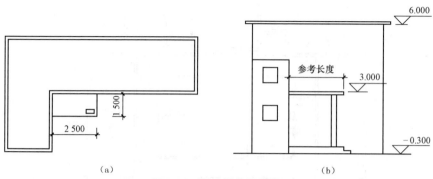

图 1-11 某建筑物雨篷图

(a)平面图；(b)南立面图

【解】 建筑面积＝2.5×1.5×0.5＝1.88(m²)

(2)在主体结构内的阳台，应按其结构外围水平面积计算全面积；在主体结构外的阳台，应按其结构底板水平投影面积计算 1/2 面积。

【例 1-14】 某建筑物阳台如图 1-12 所示，计算阳台的建筑面积(墙厚 240 mm)。

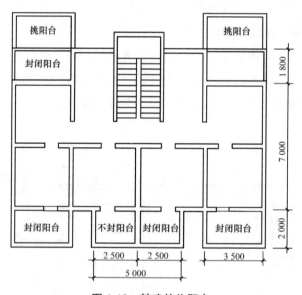

图 1-12 某建筑物阳台

【解】 建筑面积＝(2.5×2＋0.24)×(2−0.12)＋(3.5＋0.24)×(2−0.12)×2
＝23.91(m²)

(3)窗台与室内楼地面高差在 0.45 m 以下且结构净高在 2.10 m 及以上的凸(飘)窗，应按其围护结构外围水平面积计算 1/2 面积。

7. 室内"有缝构件"的建筑面积

与室内相通的变形缝，应按其自然层合并在建筑物建筑面积内计算。对于高低联跨的建筑物，当高低跨内部连通时，其变形缝应计算在低跨面积内。

【例1-15】 某建筑物如图1-13所示，试计算其建筑面积。

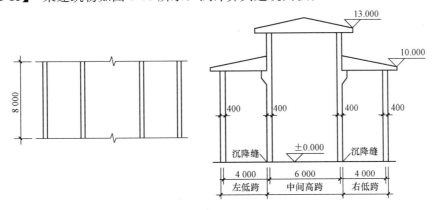

图 1-13　某建筑物示意图

【解】 建筑面积＝(6+0.4)×8+4×8×2＝115.2(m²)

(三)特殊情况的建筑面积

1. 有幕墙或保温层建筑的建筑面积

有幕墙(图1-14)作为围护结构的建筑物，应按幕墙外边线计算建筑面积；建筑物的外墙外保温层(图1-15)，应按其保温材料的水平截面积计算，并计入自然层建筑面积。

2. 倾斜建筑物的建筑面积

围护结构不垂直于水平面的楼层，应按其底板面的外墙外围水平面积计算。结构净高在2.10 m及以上的部位，应计算全面积；结构净高在1.20 m及以上至2.10 m以下的部位，应计算1/2面积；结构净高在1.20 m以下的部位，不应计算建筑面积。某倾斜建筑物如图1-16所示。

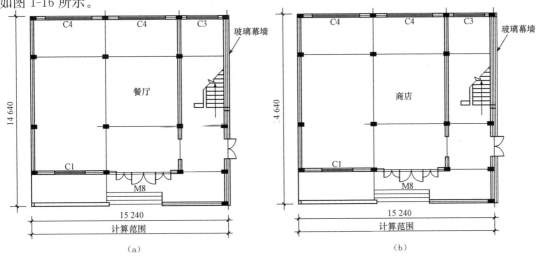

(a)　　　　　　　　　　　　　　(b)

图 1-14　玻璃幕墙类型

(a)围护性幕墙；(b)装饰性幕墙

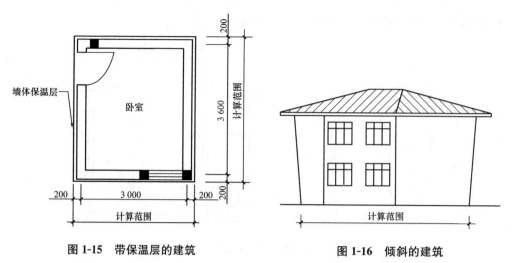

图 1-15 带保温层的建筑　　　　　图 1-16 倾斜的建筑

(四)不计算建筑面积的情况

(1)与建筑物内不相连通的建筑部件。

(2)骑楼、过街楼底层的开放公共空间和建筑物通道(图 1-17)。

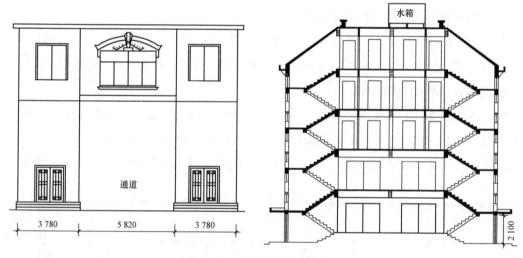

图 1-17 带建筑通道的建筑

(3)舞台及后台悬挂幕布和布景的天桥、挑台等。

(4)露台、露天游泳池、花架、屋顶的水箱及装饰性结构构件。

(5)建筑物内的操作平台(图 1-18)、上料平台、安装箱和罐体的平台。

(6)勒脚、附墙柱、垛、台阶、墙面抹灰、装饰面、镶贴块料面层、装饰性幕墙,主体结构外的空调室外机搁板(箱)、构件、配件,挑出宽度在 2.10 m 以下的无柱雨篷和顶盖高度达到或超过两个楼层的无柱雨篷。

(7)窗台与室内地面高差在 0.45 m 以下且结构净高在 2.10 m 以下的凸(飘)窗,窗台与室内地面高差在 0.45 m 及以上的凸(飘)窗。

(8)室外爬梯、室外专用消防钢楼梯;无围护结构的观光电梯。

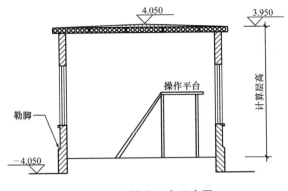

图 1-18　操作平台示意图

(9)建筑物以外的地下人防通道，独立的烟囱、烟道、地沟、油(水)罐、气柜、水塔、贮油(水)池、贮仓、栈桥等构筑物。

📁➤ **思考与练习**

1. 某市区装饰装修工程，建筑面积为 12 000 m²，包工包料，经过施工图计算可得数据见表 1-21。

表 1-21　分部分项和单价措施项目人、材、机数据

项目名称	人工费	材料费	机械费
分部分项工程费	100 万元	420 万元	80 万元
单价措施项目费	50 万元	100 万元	15 万元

总价措施项目费包括安全文明施工费、检验试验配合费、雨季施工增加费、工程定位复测费；其他项目包括暂列金额，费率为 8%，铝塑板幕墙专业工程暂估价为 10 万元；税前项目费为 15 万元。根据现行广西壮族自治区的规定编制工程总造价(结果保留两位小数)。

2. 简述定额综合单价的组成，并计算下列项目的综合单价。

(1)人工运土方(运距 180 m)75.3 m³。

(2)M7.5 混合砂浆砌 240 mm 中砖混水砖墙 137.6 m³。

(3)带吊顶房间砖墙面抹混合砂浆 184.5 m²。

第二章 基础工程项目

基础工程是一个建筑首先接触的部分，且具有一定的隐蔽性、复杂性和困难性，是影响造价的一项主要工作。其主要包括基坑降排水施工、土方工程施工、地基处理及边坡支护施工、桩基础工程施工。基础工程造价类型见表2-1。

表2-1 基础工程造价类型一览表

序号	分 类		说 明
1	基坑降排水	平整及前期辅助工作	包括平整场地及降排水、挡土板支撑等
2	土方工程	土方施工	包括挖、填、运内容
3	地基处及边坡支护工程	地基处理	压实法、打桩法等
		深基支护	重力式支护、板式支护等
4	桩基础工程	预制桩	包括打(压)、接、截、送桩、入岩等
		灌注桩	包括成孔、下钢筋笼、浇筑混凝土、泥浆运输等

第一节 土石方工程工程量计算

本节计算的项目主要为平整场地，土方挖、填、运。

一、概述

在建筑工程中，最常见的土石方工程有场地平整、基坑(槽)开挖、地坪填土、路基填筑及基坑回填土等。每个单位工程消耗的人工、机械有很大差别，综合施工费用也不相同，所以正确区分土石方类别、施工方法及运距、正确执行定额，对于计算土石方的费用关系很大。土石方工程造价类型见表2-2。

表2-2 土石方工程造价类型一览表

序号	类 型	说 明
1	平整场地和支挡土板	场地平整，形成室外设计标高
2	沟槽及基坑挖土	挖沟槽，室外设计标高以下挖土
		挖基坑，室外设计标高以下挖土
		挖土方，室外设计标高以下挖土

序号	类 型	说 明
3	土方回填	基础回填
		房心回填
4	土方运输	余土外运或者亏土内运

注：1. 计算工程量时，首先要确定土壤类别和是否需要放坡、留工作面等问题。
2. 围墙、道路、花池、化粪池、各种检查井、管沟等不得计算平整场地。

二、土石方工程综合技能案例

(一)平整场地工程量计算

1. 计算规则

平整场地工程量按设计图示尺寸以建筑物首层建筑面积计算。按竖向布置进行大型挖土或回填土时，不得再计算平整场地的工程量。

2. 有关说明

平整场地是指建筑场地厚度在±300 mm 以内的挖、填、运、找平，如±300 mm 以内全部是挖方或填方，应套相应挖填及运土子目；挖 、填土方厚度超过±300 mm 时，按场地土方平衡竖向布置另行计算，套相应挖、填土方子目。

【例 2-1】 如图 2-1 所示，计算 75 kW 推土机平整场地工程量。

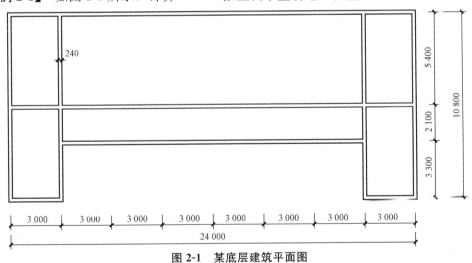

图 2-1 某底层建筑平面图

【解】 建筑面积＝(24＋0.24)×(10.8＋0.24)－(3×6－0.24)×3.3 ＝209.00(m²)

套用 13 定额：A1—88

(二)挖沟槽和基坑工程量计算

1. 挖沟槽步骤

如图 2-2 所示，首先要解决挖沟槽、基坑、土方划分：凡图示沟槽底宽在 7 m 以内，且沟槽长大于槽宽 3 倍以上的，为沟槽；凡图示基坑面积在 150 m² 以内的为基坑；凡图示沟槽底宽 7 m 以上，坑底面积在 150 m² 以上的，均按挖土方计算。

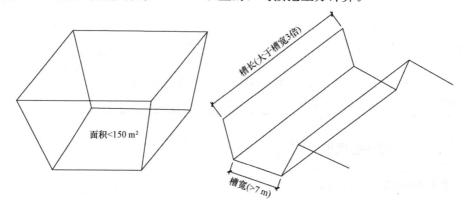

图 2-2　沟槽和基坑示意图

然后确定土壤类别。土壤分类以地勘资料表 2-3 来确定。

表 2-3　土壤分类一览表

土壤分类	土壤名称	开挖方法
一、二类土	粉土、砂土(粉砂、细砂、中砂、粗砂、砾砂)、粉质黏土、弱中盐渍土、软土(淤泥质土、泥炭、泥炭质土)、软塑红黏土、冲填土	主要用锹，少许用镐、条锄开挖。机械能全部直接铲挖满载者
三类土	黏土、碎土(圆砾、角砾)、混合土、可塑红黏土、硬塑红黏土、强盐渍土、素填土、压实填土	主要用镐、条锄，少许用锹开挖。机械需部分刨松方能铲挖满载者或可直接铲挖但不能满载者
四类土	碎石土(卵石、碎石、漂石、块石)、坚硬红黏土、超盐渍土、杂填土	主要用镐、条锄挖掘，少许用撬棍挖掘。机械需普遍刨松方能铲挖满载者

再次判断是干土还是湿土：干、湿土的划分以地质勘查资料为准，含水率≥25％为湿土；或以地下常水位为准，常水位以上为干土，以下为湿土；如人工挖湿土时，人工费乘以系数 1.18。机械挖土方定额中土壤含水率是按天然含水率为准制定的：含水率大于 25％ 时，定额人工、机械乘以系数 1.15；若含水率大于 40％ 时，另行计算。

2. 挖沟槽工程量计算规则

挖土体积＝开挖断面×开挖长度

挖沟槽长度，外墙按图示外墙中心线长度计算；内墙按地槽槽底净长线计算，内外突出部分(垛、附墙烟囱等)体积并入沟槽土方工程量内计算。

开挖断面由基础底宽度、开挖方式、基础材料及做法所决定，如图 2-3 所示。通常有以下几种情况：

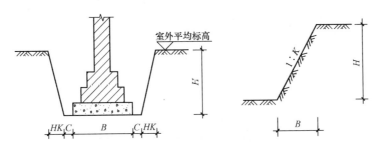

图 2-3 沟槽开挖断面放坡示意图

情况一：放坡留工作面

$$开挖断面底宽 = B + 2C + HK$$

式中　B——垫层宽度，一般在图纸中反映；

　　　C——工作面，查表 2-4 可得；

　　　K——放坡系数，查表 2-5 可得；

　　　H——开挖深度，室外地面到垫层底部，一般在图纸中反映。

放坡的坡度以放坡宽度与挖土深度之比表示，即 $K = B/H$，坡度通常以 $1:K$ 来表示，显然，$1:K = H:B$，则

$$开挖断面 = (B + 2C + HK) \times H$$

表 2-4　基础施工所需工作面宽度计算表

基础材料	每边各增加工作面宽度/mm
砖基础	200
浆砌毛石、条石基础	150
混凝土基础垫层支模板	300
混凝土基础支模板	300
基础垂直面做防水层	1 000（防水层面）

表 2-5　放坡系数表

土壤类别	深度超过/m	人工挖土	机械挖土		
			在坑内作业	在坑上作业	顺沟槽在坑上作业
一、二类土	1.20	1:0.50	1:0.33	1:0.75	1:0.50
三类土	1.50	1:0.33	1:0.25	1:0.67	1:0.33
四类土	2.00	1:0.25	1:0.10	1:0.33	1:0.25
注：计算放坡时，在交接处的重复工程量不予扣除，原槽、坑作基础垫层时，放坡自垫层上表面开始计算。垫层需留工作面时，放坡自垫层下表面开始计算。					

情况二：双面支挡土板留工作面(图2-4)

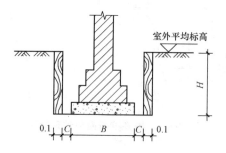

图2-4 沟槽开挖断面支挡示意图

$$开挖断面底宽=B+2C+0.2$$

挖沟槽、基坑需支挡土板时，其宽度按图示沟槽、基坑底宽，单面加100 mm，双面加200 mm计算。即：

$$开挖断面=(B+2C+0.2)\times H$$

情况三：不放坡、不支挡土板、留工作面(图2-5)

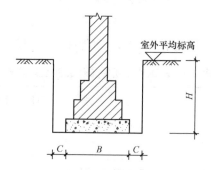

图2-5 沟槽开挖断面示意图

当采用原槽浇筑时，开挖断面底宽等于垫层宽。

当基础垫层支模板浇筑时，必须留工作面。即：

$$开挖断面底宽=B+2C$$

$$开挖断面=(B+2C)\times H$$

3. 挖基坑工程量计算规则

$$挖土体积=基坑体积$$

基坑开挖后为四棱台(图2-6)或者是长方体。四棱台的体积公式为：

$$V=\frac{H}{3}\left[S_1+S_2+\sqrt{(S_1 S_2)}\right]$$

式中，S_1 为上底面积；S_2 为下底面积；H 为棱台高。

情况一：放坡留工作面

$$V=(a+2C+KH)\times(b+2C+KH)\times H+\frac{1}{3}\times K^2\times H^2$$

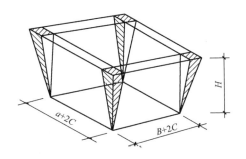

图 2-6 基坑开挖示意图

情况二：双面支挡土板留工作面

$$V = (a+2C+0.2) \times (B+2C+0.2) \times H$$

情况三：不放坡、不支挡土板留工作面

$$V = (a+2C) \times (B+2C) \times H$$

【例 2-2】 某单层房屋如图 2-7 所示，场地土为二类土质，人工挖地槽，不支挡土板，施工组织设计规定，室内地面垫层 150 mm，找平层 20 mm，面层 30 mm，采用人工分填，人工装，2 t 自卸式汽车运土，土方运距为 3 km，已知室外地坪以下的基础及垫层体积总和为 $V = 17.09 \text{ m}^3$，计算挖土方工程量。

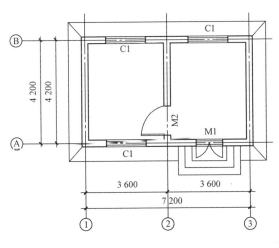

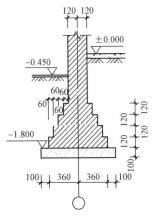

首层平面图 1 : 100

图 2-7 某建筑平面图及基础详图

【解】 $H = 1.9 - 0.45 = 1.45 (\text{m}) > 1.2 \text{ m}$ 需要放坡，查表得 $K = 0.5$，$C = 0.3$

开挖断面 $= (0.36 \times 2 + 0.1 \times 2 + 2 \times 0.3 + 0.5 \times 1.45) \times 1.45 = 3.26 (\text{m}^2)$

开挖长度 $= (7.2 + 4.2) \times 2 + 4.2 - (0.36 \times 2 + 0.2)/2 \times 2 = 26.08 (\text{m})$

挖基槽体积 $V = 3.26 \times 26.08 = 85.02 (\text{m}^3)$

套用 13 定额：A1—6

【例 2-3】 某桩承台如图 2-8 所示，场地土为二类土质，人工挖基坑，室外地坪为 0.3 m，计算挖土方工程量。

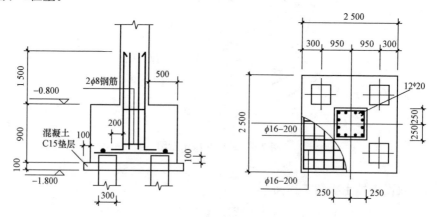

图 2-8　某桩承台结构图

【解】　$H=1.8-0.3=1.5(\text{m})>1.2\ \text{m}$ 需要放坡，查表得 $K=0.5$，$C=0.3$

挖基坑体积 $V=(2.5+0.2+0.3\times2+0.5\times1.5)\times(2.5+0.2+0.3\times2+0.5\times$

$$1.5)\times1.5+1/3\times0.5^2\times1.5^2=24.79(\text{m}^3)$$

套用 13 定额：A1—6

4. 有关说明

情况一：沟槽或基坑内存在土质类别不同时，且深度大于 1.5 m 时

应求出综合放坡系数，如图 2-9 所示。

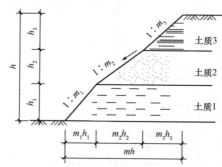

图 2-9　混合土质放坡示意图

情况二：挡土板支撑下挖土方

在有挡土板支撑下挖土方时，按实挖体积，人工费乘以系数 1.2。

情况三：土方大开挖后，再挖沟槽或基坑

基础土方大开挖后再挖地槽、地坑，其深度应以大开挖后土面至槽、坑底标高计算；其土方如需外运时，按相应定额规定计算。

情况四：机械挖土方时，修建机械上下坡的行车便道

机械上下行驶坡道的土方，如在坑内不增加土方量；如在坑外则增加的土方量合并在土方工程量内计算。

情况五：挖桩间土方

桩间净距小于 4 倍桩径（或桩边长）时，人工挖桩间土方（包括土方、沟槽、基坑）按相应子目的人工费乘以系数 1.25，机械挖桩间土方按相应子目的机械乘以系数 1.1，计算工程量时，应扣除单根横截面面积 0.5 m² 以上的桩（或未回填桩孔）所占的体积。

情况六：机械挖土在垫板上作业

挖掘机在垫板上作业时，人工费、机械乘以系数 1.25，定额内不包括垫板铺设所需的工料、机械消耗。所指机械单指挖掘机。推土机、洒水车不能乘系数。

情况七：机械挖基坑和基槽土方和单位工程挖土量少于 2 000 m³ 时

挖掘机挖沟槽、基坑土方，执行挖掘机挖土方相应子目，挖掘机台班量乘以系数 1.2。机械挖（填）土方，单位工程量小于 2 000 m³ 时，定额乘以系数 1.1。

人工×1.1，挖掘机×(1+0.1+0.2)，其余机械×1.1

情况八：挖土方时非施工单位原因发生塌方的处理

按照塌方工程量计算，原土质为三、四类，塌方后按照一、二类套定额；原土质为一、二类土不考虑。

情况九：机械挖土人工辅助开挖

按照机械和人工一定的挖土比例处理，比例见表 2-6。

表 2-6　机械和人工挖土比例表

项　目	地下室	基槽(坑)	地面以上土方	其他
机械挖土方	0.96	0.90	1.00	0.94
人工挖土方	0.04	0.10	0.00	0.06

机械挖土人工配合开挖，这部分土方按人工挖土方（深度 1.5 m 以内）相应定额人工乘以 1.5 后，土方外运分不同的施工方法按以下办法计算：

（1）用人工将土运至地面，应按表 2-7 人工费乘以相应系数（不扣除 1.5 m 以内的深度和工程量）。

表 2-7　人工增加系数表

深度	2 m 以内	4 m 以内	6 m 以内	8 m 以内	10 m 以内
系数	1.08	1.24	1.36	1.50	1.64

（2）如需用机械装运时，按机械装（挖）运一、二类土定额计算。

（3）如从坑内用机械（如卷扬机、塔吊、葫芦吊灯）向外提土者，按机械提土定额执行。实际使用机械不同时，不得换算。

情况十：机械挖填不同类别的土质

机械土方定额是按三类土编制的，如实际土壤类别不同时，定额中的推土机、挖掘机台班量乘以表 2-8 中的系数。

表 2-8　土类不同系数换算表

项　　　目	一、二类土壤	四类土壤
推土机推土方	0.84	1.14
挖掘机挖土方	0.84	1.14

情况十一：机械挖土加运输的常规施工工艺(表 2-9)

表 2-9　常见土方施工工艺表

序号	类　　型	处理说明
1	边挖边运(机械部分)	总挖量×机械挖土比例－边挖边运部分
2	边挖边运(人工部分)	总挖量×人工挖土比例
3	边挖边运输部分	总挖量－回填量
4	留置回填部分	基础回填＋房心回填

(三)土方回填工程量计算

1. 计算规则

建筑场地原土碾压以平方米计算，填土碾压按图示填土厚度以立方米计算(图 2-11)。

(1)室内回填：按主墙(厚度在 120 mm 以上的墙)之间的净面积乘以回填土厚度计算，不扣除间隔墙，即 h_1 高度区域。

(2)基础回填：按挖方工程量减去自然地坪以下埋设基础体积(包括基础垫层及其他构筑物)计算，即 h 高度($abcd$)区域。

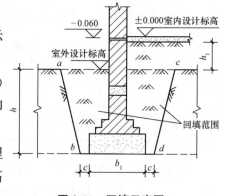

图 2-11　回填示意图

2. 有关说明

(1)填土碾压每层填土(松散)厚度：羊角碾和内燃压路机不大于 300 mm；振动压路机不大于 500 mm。

(2)土方体积：均以挖掘前的天然密实体积为准计算。如需折算时，可按表 2-10 所列系数换算。

表 2-10　土方体积折算表

天然密实体积	虚方体积	夯实后体积	松填体积
0.77	1.00	0.67	0.83
1.00	1.30	0.87	1.08
1.15	1.50	1.00	1.25
0.92	1.20	0.80	1.00

(3)机械挖(填)土方,单位工程量小于2 000 m³时,定额乘以系数1.1。

(4)沟槽、基坑回填砂、石、天然三合土工程量按图示尺寸以立方米计算,扣除管道、基础、垫层等所占体积。

【例2-4】 根据例题2-2,计算回填工程量。

【解】 基础回填 $V = 85.02 - 17.09 = 67.93 (\text{m}^3)$

房心回填 $V = (3.6 - 0.24) \times (4.2 - 0.24) \times 2 \times (0.45 \quad 0.15 - 0.02 - 0.03)$
$$= 6.65 (\text{m}^3)$$

汇总:工程量 $= 67.93 + 6.65 = 74.58 (\text{m}^3)$

套用13定额:A1—82

(四)土方运输工程量计算

1. 计算规则

余土或取土工程量可按下式计算:

$$余土外运体积 = 挖土总体积 - 回填土总体积$$

式中计算结果为正值时为余土外运体积,负值时为需取土体积。

2. 有关说明

(1)土石方运输工程量:按不同的运输方法和距离分别以天然密实体积计算。如实际运输疏松的土石方时,应按本章计算规则中的规定换算成天然密实体积计算。

(2)土(石)方运距:自卸汽车运土运距按挖方区重心至填方区(或堆放地点)重心的最短距离计算。

(3)淤泥、流砂运输定额按即挖即运考虑。对没有及时运走的,经晾晒后的淤泥、流砂按运一般土方子目计算。

(4)土(石)方运输未考虑弃土场所收取的渣土消纳费(泥口费),若发生时按实办理签证计算。

【例2-5】 根据例题2-2,计算土方运输工程量。

【解】 运输 $V = 85.02 - 74.58 = 10.44 (\text{m}^3)$

套用13定额:A1—116 + A1—168×2

(五)推土机推土方工程量计算

1. 计算规则

以推土的天然密实体积计算。

2. 有关说明

(1)土石方运输工程量:按不同的运输方法和距离分别以天然密实体积计算。如实际运输疏松的土石方时,应按本章计算规则中一般规则的规定换算成天然密实体积计算。推土机推未经压实的积土时,按相应定额子目乘以系数0.73。推土机推土土层厚度小于300 mm时,推土机台班用量乘以系数1.25。

(2)土(石)方运距:推土机推土运距按挖方区重心至回填区重心之间的直线距离计算。

(3)推土机推土、推石碴上坡，如果坡度大于 5% 时，其运距按坡度区段斜长乘以表 2-11 所列系数计算。如图 2-12 所示推土机推土的运距为：

$$运距长度＝10＋8.057×2＋5＝31.11(m)$$

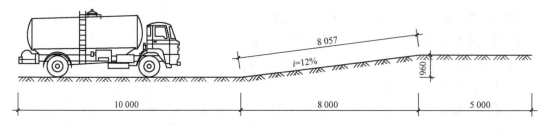

图 2-12　推土机推土示意图

表 2-11　坡度折算系数表

坡度/%	5～10	15 以内	20 以内	25 以内
系数	1.75	2.0	2.25	2.5

第二节　地基处理及边坡支护工程工程量计算

本节计算的项目主要为地基处理、深基坑支护。

一、概述

地基处理是指用于改善支承建筑物的地基(土或岩石)的承载能力，改善其变形性能或抗渗能力所采取的工程技术措施；深基坑支护是指为保证地下结构施工及基坑周边环境的安全，对深基坑侧壁及周边环境采用的支挡、加固与保护的措施。地基处理和基坑支护工程的设计和施工质量直接关系到建筑物的安全，如处理不当，往往容易发生工程质量事故，且事后补救大多比较困难，且对造价的影响较大。具体类型见表 2-12。

表 2-12　地基处理及深基坑支护类型一览表

序号	分类	说明
1	地基处理	强夯地基、砂桩、碎石桩、CFG 桩、深层搅拌桩、灰土挤密桩
2	深基坑支护	打拔钢板桩、打圆木桩、地下连续墙、土钉锚杆

二、地基处理及边坡支护工程综合技能案例

(一)地基处理工程量计算

1. 计算规则

(1)地基强夯按设计图强夯面积区分夯击能量、夯击遍数，以平方米计算。

（2）砂桩、碎石桩的体积，按[设计桩长（包括桩尖，即不扣除桩尖虚体积）＋设计超灌长度]×设计桩截面面积计算。

（3）水泥粉煤灰碎石桩（CFG桩）按桩长乘以设计桩截面以立方米计算，桩长＝设计桩长＋设计超灌长，如设计图纸未注明超灌长度，则超灌长度按500 mm计算。

（4）深层搅拌桩、灰土挤密桩按设计截面面积乘以设计长度按立方米计算。

（5）高压旋喷水泥桩按水泥桩体长度以米计算。

2. 有关说明

入岩增加费按以下规定计算：极软岩不作入岩，硬质岩按入岩计算；软质岩按相应入岩子目乘以系数0.5。

【例2-6】 某别墅基础底部为可塑性黏土，不能满足设计要求，采用水泥粉煤灰桩进行地基处理，桩径为400 mm，桩体强度为C20，桩的根数为52根，设计桩长为10 m，桩端部入硬塑性黏土不少于1.5 m，桩顶在地面以下1.5～2 m，水泥粉煤灰桩采用振动柴油打桩机施工，桩顶采用200 mm厚人工级配砂碎石（砂∶碎石＝3∶7，最大粒径30 mm）作为褥垫层，如图2-13所示。计算地基处理工程工程量。

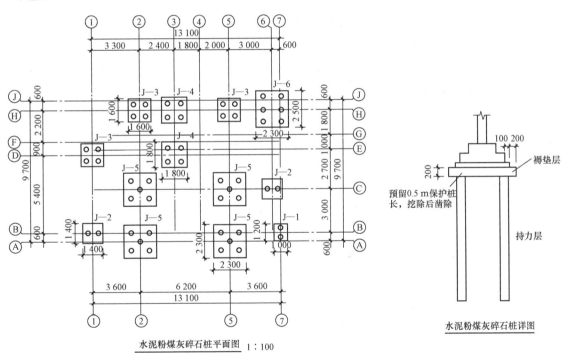

图2-13 某别墅地基处理CFG桩图

【解】 CFG桩工程量＝3.14×0.2×0.2×（10＋0.5）×52＝68.58（m³）

套用13定额：A2－98

凿桩头工程量＝3.14×0.2×0.2×0.5×52＝3.27（m³）

套用13定额：A2－119×0.3

(二)边坡工程量计算

1. 计算规则

(1)地下连续墙。

1)地下连续墙按设计图示墙中心线长度乘以厚度乘以槽深以体积计算。

2)锁口管接头工程量，按设计图示以段计算；工字形钢板接头工程量，按设计图示尺寸乘以理论质量以质量计算。

(2)打拔钢板桩按钢板桩重量以吨计算。打圆木桩的材积按设计桩长和梢径根据材积表计算。

(3)锚杆钻孔灌浆、砂浆土钉按入土(岩)深度以米计算。锚筋按定额 A.4 混凝土及钢筋混凝土工程相应子目计算。

(4)喷射混凝土护坡按护坡面积以平方米计算(成孔、灌浆、护坡、锚筋、入岩、搭拆平台)。

(5)高压定喷防渗墙按设计图示尺寸以平方米计算。

2. 有关说明

(1)打永久性钢板桩的损耗量：槽钢按 6% 计算，拉森桩按 1% 计算。打临时性钢板桩，若为租赁使用的则按实际租赁价值计算(包括租赁、运输、截割、调直、防腐及损耗)；若为施工单位的钢板桩，则每打拔一次按钢板桩价值的 7% 计取折旧，即按定额套打桩、拔桩项目后再加上钢板桩的折旧费用。

(2)锚杆、土钉在高于地面 1.2 m 处作业，需搭设脚手架的，按脚手架工程相应子目计算，如需搭设操作平台，按实际搭设长度乘以 2 m 宽，套满堂脚手架计算。

【例 2-7】 如图 2-14 所示，边坡工程采用土钉支护，根据岩土勘察报告，地层为带块石的碎石土，土钉成孔直径为 90 mm，采用 1 根 HRB400，直径 25 mm 的钢筋作为杆体，成孔深度 10 m，土钉入射角度 15°，杆筋送入土体后，灌注 M30 水泥砂浆，面层采用 C20 喷射混凝土，厚度 100 mm，计算支护工程工程量(不考虑挂网、搭设平台)。

【解】 打孔灌浆工程量=10×82=820.00(m)

套用 13 定额：A2—257

素喷混凝土工程量=8×15+(8+10)×4/2+10×19=346.00(m²)

套用 13 定额：A2—259+A2—260×5

(三)凿桩头工程量计算

1. 计算规则

凿除水泥粉煤灰桩(CFG 桩)工程量按需凿除的实体体积计算。

2. 有关说明

凿水泥粉煤灰桩(CFG)按凿灌注桩定额乘以系数 0.3。

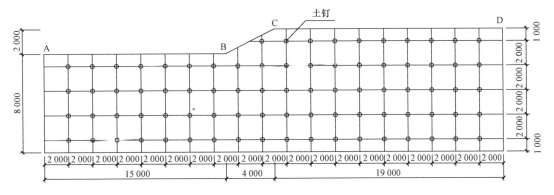

A—D土钉立面图 1：100

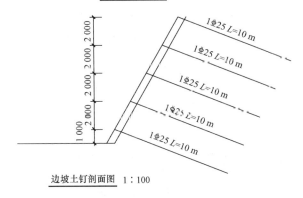

边坡土钉剖面图 1：100

图 2-14 某土钉施工图

第三节 桩基础工程工程量计算

本节计算的项目主要为预制桩、灌注桩。

一、概述

桩基础由基桩和连接于桩顶的承台共同组成。若桩身全部埋于土中，承台底面与土体接触，则称为低承台桩基础；若桩身上部露出地面而承台底位于地面以上，则称为高承台桩基础。建筑桩基通常为低承台桩基础。高层建筑中，桩基础应用广泛。

按照施工方式可分为预制桩和灌注桩。预制桩是通过打桩机将预制的钢筋混凝土桩打入地下。预制桩的优点是材料省，强度高，适用于较高要求的建筑；其缺点是施工难度高，受机械数量限制施工时间长。灌注桩，首先在施工场地上钻孔，当达到所需深度后将钢筋放入浇筑混凝土。灌注桩的优点是施工难度低，尤其是人工挖孔桩，可以不受机械数量的限制，所有桩基同时进行施工，大大节省时间；其缺点是承载力低，费材料。桩基础分类见表 2-13。

表 2-13　桩基础分类一览表

序号	所用桩类型		说　明
1	预制桩	打入法	工作内容包括打桩、接桩、送桩、入岩、凿桩等
		静压法	工作内容包括压桩、接桩、送桩、入岩、截桩等
2	灌注桩	湿作业	钻孔灌注桩、旋挖钻孔灌注桩
		干作业	长螺旋钻孔压灌桩、人工挖孔桩

计算打桩(灌注桩)工程量前应确定下列事项：

(1)确定施工方法、工艺流程，采用机型，桩、土壤泥浆运距。

(2)打桩要确定土质级别：根据工程地质资料中的土层构造、土壤物理力学性能及每米沉桩时间鉴别适用定额土质级别。定额中土壤级别的划分应根据工程地质资料中的土层构造和土壤物理力学性能的有关指标，参考纯沉桩的时间确定。凡遇有砂夹层者，应首先按砂层情况确定土级。无砂层者，按土壤物理力学性能指标并参考每米平均纯沉桩时间确定。用土壤力学性能指标鉴别土壤级别(表 2-14)时，桩长在 12 m 以内，相当于桩长的 1/3 的土层厚度应达到所规定的指标。桩长 12 m 以外，按 5 m 厚度确定。

表 2-14　土质鉴别表

内　容		土壤级别	
		一级土	二级土
说　明		桩经外力作用较易沉入的土，土壤中夹有较薄的砂层	桩经外力作用较难沉入的土，土壤中夹有不超过 3 m 的连续厚度砂层
砂夹层	砂层连续厚度	<1 m	>1 m
	砂层中卵石含量	—	<15%
物理性能	压缩系数	>0.02	<0.02
	孔隙比	<0.7 m	>0.7
力学性能	静力触探值	<50	>50
	动力触探击数	<12	>12
每米纯沉桩时间平均值		<2 min	>2 min

考虑是否入岩，如果有入岩，入岩增加费按以下规定计算：极软岩不作入岩，硬质岩按入岩计算，软质岩按相应入岩子目乘以系数 0.5。

(3)灌注桩浇筑后要核实混凝土用量。定额中各种灌注的材料用量，均已包括表 2-15 规定的充盈系数和材料损耗。实际充盈系数与定额规定不同时，按下式换算：

$$换算后的充盈系数 = \frac{实际灌注混凝土(或砂、石)量}{按设计图计算混凝土(或砂、石)量}$$

表 2-15　充盈系数和材料损耗

项目名称	充盈系数	损耗率/%	项目名称	充盈系数	损耗率/%
打孔灌注混凝土桩	1.25	1.5	打孔灌注砂桩	1.30	3
钻孔灌注混凝土桩	1.30	1.5	打孔灌沙砂石桩	1.30	3
水泥粉煤灰碎石桩(CFG桩)	1.30	1.5	地下连续墙	1.20	1.5

其中，灌注砂石桩除上述充盈系数和损耗率外，还包括级配密实系数 1.334。

(4)确定单位工程桩工程量，以便进行系数换算。单位工程打压(灌)桩工程量在表 2-16 规定的数量以内时，其人工、机械按相应定额子目乘以系数 1.25 计算。

表 2-16　单位工程打压(灌)桩工程量

项　　目	单位工程的工程量	项　　目	单位工程的工程量
钢筋混凝土方桩	150 m³	打孔灌注砂石桩	60 m³
钢筋混凝土管桩	50 m³	钻(冲)孔灌注混凝土桩	100 m³
钢筋混凝土板桩	50 m³	灰土挤密桩	100 m³
钢板桩	50 t	打孔灌注混凝土桩	60 m³

二、桩基础工程综合技能案例

(一)预制桩打入法工程量计算

1. 计算规则

打预制钢筋混凝土桩(含管桩)的工程量，按设计桩长(包括桩尖，即不扣除桩尖虚体积)乘以桩截面面积以立方米计算。管桩的空心体积应扣除。

2. 有关说明

(1)打预制钢筋混凝土桩，起吊、运送、就位是按操作周边 15 m 以内的距离确定的，超过 15 m 以外另按相应运输定额子目计算(图 2-15)。

(2)打试验桩按相应定额子目的人工、机械乘以系数 2 计算。在桩间补桩或强夯后的地基打桩时，按相应定额子目中的人工、机械乘以系数 1.15。

(3)定额以打直桩为准，如打斜桩，斜度在 1∶6 以内者，按相应定额子目人工、机械乘以系数 1.25，如斜度大于 1∶6 者，按相应定额子目人工、机械乘以系数 1.43。

(4)定额以平地(坡度小于 15°)打桩为准，如在堤坡上(坡度大于 15°)打桩时，按相应定额子目中的人工、机械乘以系数 1.15。如在基坑内(基坑深度大于 1.5 m)打桩或在地坪上打坑槽内(坑槽深度大于 1 m)桩时，按相应定额子目中的人工、机械乘以系数 1.11。

(5)打桩、压桩、打孔等挤土桩，桩间净距小于 4 倍桩径(或桩边长)的，按相应定额子目中的人工、机械乘以系数 1.13。

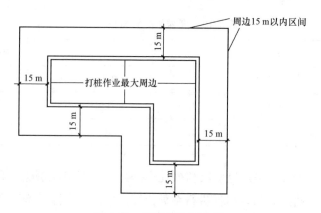

图 2-15　桩基操作距离图

【例 2-8】　如图 2-16 所示，履带式柴油打桩机打预制方桩共 250 根，二类土，计算打方桩工程量，并选取子目。

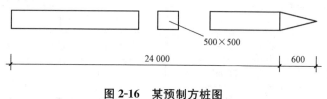

图 2-16　某预制方桩图

【解】　打桩体积＝(24＋0.6)×(0.5×0.5)×250＝1 537.50(m³)

套用 13 定额：A2—6

【例 2-9】　如图 2-17 所示，轨道式柴油打桩机打预制管桩共 20 根，二类土，计算打管桩工程量，并选取子目。

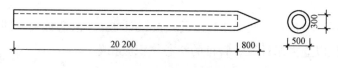

图 2-17　某预制管桩图

【解】　打桩体积＝(20.2＋0.8)×3.14×(0.25²－0.15²)×20＝52.75(m³)

套用 13 定额：A2—12

(二)预制桩静压法工程量计算

1. 计算规则

静压方桩工程量按设计桩长(包括桩尖，即不扣除桩尖虚体积)乘以桩截面面积以立方米计算。静压管桩工程量按设计长度以米计算。管桩的空心部分灌注混凝土，工程量按设计灌注长度乘以桩芯截面面积以立方米计算。

2. 有关说明

(1)预制钢筋混凝土管桩的空心部分如设计要求灌注填充材料时，应套用相应定额另行计算。

（2）预制钢筋混凝土管桩如需设置钢桩尖时，钢桩尖制作、安装按实际重量套用一般铁件定额计算。

【例 2-10】 根据例题 2-8，采用静压法施工，计算压方桩工程量，并选取子目。

【解】 压桩体积＝（24＋0.6）×（0.5×0.5）×250＝1 537.50（m³）

套用 13 定额：A2－38

【例 2-11】 根据例题 2-9，采用静压法施工，计算压管桩工程量，并选取子目。

【解】 压桩长度＝20.2×20＝404.00（m）

套用 13 定额：A2－51

(三)预制桩接桩工程量计算

1. 计算规则

电焊接桩按设计接头，以个计算；硫磺胶泥按桩断面以平方米计算。

2. 有关说明

定额中预制桩子目(除静压预制管桩外)，均未包括接桩，如需接桩，除按相应打(压)桩定额子目计算外，按设计要求另行计算接桩子目，其机械可按相应打桩机械调整，台班数量不变。如图 2-18 所示为接桩示意图。

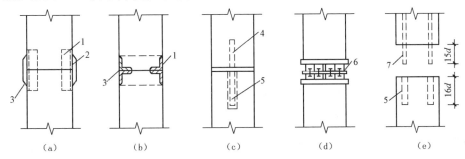

图 2-18　接桩示意图

(a)、(b)焊接接头；(c)管桩管式接头；(d)管桩螺栓接头；(e)硫磺胶泥接头

【例 2-12】 如图 2-19 所示，采用硫磺胶泥接桩，计算接桩工程量，并选取子目。

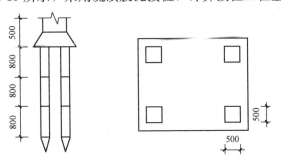

图 2-19　桩接头示意图

【解】 接桩工程量＝0.5×0.5×2×4＝2.00（m²）

套用 13 定额：A2－62

(四)预制桩送桩工程量计算

1. 计算规则

按桩截面面积乘以送桩长度(即打桩架底至桩顶高度或自桩顶面至自然地平面另加 0.5 m)以立方米计算。

2. 有关说明

送桩(除圆木桩外)套用相应打桩定额子目,扣除子目中桩的用量,人工、机械乘以系数 1.25,其余不变。

【例 2-13】 如图 2-20 所示,送桩 15 根,采用轨道式柴油打桩机打预制方桩,二类土。计算送桩工程量,并选取子目。

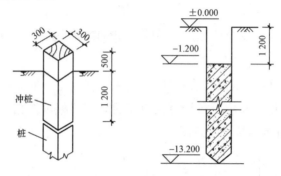

图 2-20 送桩示意图

【解】 送桩工程量=0.3×0.3×(1.2+0.5)×15=2.30(m³)

套用 13 定额:A2-2 人工×1.25 和机械×1.25

(五)钻孔灌注桩和旋挖桩工程量计算

1. 计算规则

钻(冲)孔灌注桩和旋挖桩分成孔、灌芯、入岩工程量计算。

(1)钻(冲)孔灌注桩、旋挖桩成孔工程量按成孔长度乘以设计桩截面积以立方米计算。成孔长度为打桩前的自然地坪标高至设计桩底的长度。

(2)灌注混凝土工程量按桩长乘以设计桩截面积计算,桩长=设计桩长+设计超灌长度,如设计图纸未注明超灌长度,则超灌长度按 500 mm 计算。

(3)钻(冲)孔灌注桩、旋挖桩入岩工程量按入岩部分的体积计算。

(4)泥浆运输工程量按钻孔实体积以立方米计算。

2. 有关说明

(1)定额中钻(冲)孔灌注桩按转盘式钻孔桩和旋挖桩编制,冲孔桩套转盘式钻孔桩相应定额子目。

(2)定额中钻(冲)孔灌注桩分成孔、入岩、灌芯分别按不同的桩径编制。

(3)定额已综合考虑了穿越砂(黏)土层碎(卵)石层的因素,如设计要求进入岩石层时,套用相应定额计算入岩增加费。

(4)钻(冲)孔灌注桩定额已经包含了钢护套筒埋设,如实际施工钢护套筒埋设深度与定额不同时不得换算。

(5)钻(冲)孔灌注桩的土方场外运输按成孔体积和实际运距分别套用土(石)方工程相应定额计算。

(6)钻(冲)孔灌注桩如先用沉淀池沉淀泥浆后再运渣,沉淀后的渣土及拆除的沉淀池外运套相应定额或按现场签证计算。

【例2-14】 如图2-21所示,共12根桩,计算钻孔灌注桩工程量,并选取子目。

【解】 工程量=3.14×0.15×0.15×(3+0.5)×12
=2.97(m³)

套用13定额:A2—63 由于少于100 m³人工×
1.25和机械×1.25

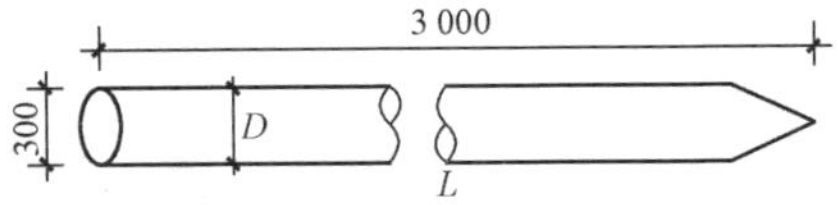

图2-21 灌注桩示意图

(六)长螺旋钻孔压灌桩工程量计算

1. 计算规则

长螺旋钻孔压灌桩按桩长乘以设计桩截面以立方米计算,桩长=设计桩长+设计超灌长,如设计图纸未注明超灌长度,则超灌长度按500 mm计算。

2. 有关说明

螺旋钻机钻孔取土按钻孔入土深度以米计算。

【例2-15】 某工程采用长螺旋钻孔压灌桩,共125根桩,设计桩长12 m,桩径为500 mm,计算长螺旋钻孔压灌桩工程量,并选取子目。

【解】 工程量=3.14×0.25×0.25×(12+0.5)×125=306.64(m³)

套用13定额:A2—95

(七)人工挖孔灌注桩工程量计算

用人力挖土、现场浇筑的钢筋混凝土桩。人工挖孔桩一般直径较粗,最细的也在800 mm以上,能够承载楼层较少且压力较大的结构主体,目前应用比较普遍。桩的上面设置承台,再用承台梁拉结、连系起来,使各个桩的受力均匀分布,用以支承整个建筑物。

1. 计算规则

(1)人工挖孔桩成孔按设计桩截面面积(桩径=桩芯+护壁)乘以挖孔深度加上桩的扩大头体积以立方米计算。

(2)灌注桩芯混凝土按设计桩芯的截面面积乘以桩芯的深度(设计桩长+设计超灌长度)加上桩的扩大头增加的体积以立方米计算。

(3)人工挖孔桩入岩工程量按入岩部分的体积计算。

2. 有关说明

(1)人工挖孔桩,不分土壤类别、机械类别和性能均执行定额。定额分成孔和桩芯混凝土两部分,成孔定额子目包括挖孔和护壁混凝土浇捣等。

（2）凿人工挖孔桩护壁按凿灌注桩定额乘以系数 0.5。

📁 ▶ 思考与练习

1. 某单层房屋如图 2-22 所示。场地土为二类土质，机械开挖，不支挡土板，地面垫层 150 mm，找平层 20 mm，面层 30 mm，采用人工填土、机械装土，自卸式汽车运土，运距为 3 km，已知室外地坪以下的基础和基础垫层体积总和 $V = 31.53$ m³，计算土方工程量。

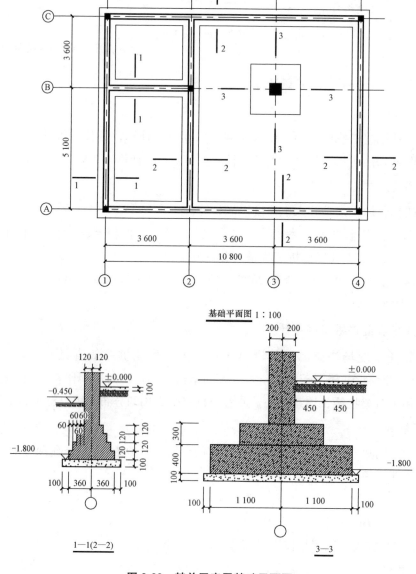

图 2-22 某单层房屋基础平面图

2. 采用水泥搅拌桩(图 2-23)，对素填土进行地基加固处理，以处理后的复合地基作为基础持力层，复合地基承载力特征值 $f_{spk}=150\ kPa$，平均桩长约 8 m。桩顶设 300 mm 厚中粗砂褥垫层，宽出基础垫层 0.3 m，其夯填度为 0.85～0.9。计算桩基础工程量。

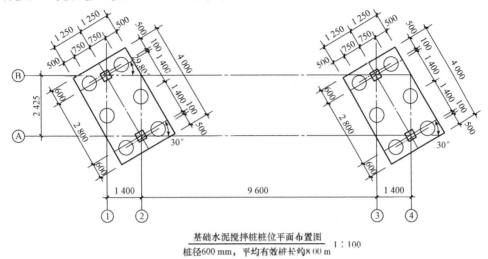

基础水泥搅拌桩桩位平面布置图 1：100
桩径600 mm，平均有效桩长约8.00 m

图 2-23　水泥搅拌桩布置图

第三章 主体工程项目

建筑结构按照材料可分为砖混结构、混凝土结构、钢结构。常用的结构为混凝土结构，混凝土结构按照体系又可分为框架、剪力墙、框架-剪力墙、筒体结构、框架筒体结构等。具体内容见表3-1。

表 3-1 主体工程造价类型一览表

序号	做 法	说 明
1	砖混结构组成	砌砖基础、砌石基础
2		砌砖墙体、砌砖柱子；砌石墙体、砌石柱子
3		砌台阶、砌散水和明沟
4		砌零星砌体
5	混凝土结构(框架、剪力墙、框-剪结构)组成	基础构件：筏板基础、独立基础、条形基础
6		竖直构件：墙体、柱子
7		水平构件：梁、板
8		楼梯构件、其他构件等
9	钢结构组成	屋架结构
10		钢柱、钢梁
11		墙架、檩条、支撑
12		地脚螺栓等

第一节 砌筑工程工程量计算

本节计算的项目主要为砖石基础，砖石墙体、砖石柱子，砌台阶、砌散水、明沟、砌零星等砌体。

一、概述

砖混结构是指建筑物中竖向承重结构的墙、柱等采用砖或者砌块砌筑，而横向承重的梁、楼板、屋面板等采用钢筋混凝土结构。也就是说，砖混结构是以小部分钢筋混凝土及大部分砖墙承重的结构。砖混结构是混合结构的一种，是采用砖墙来承重，钢筋混凝土梁、柱、板等构件构成的混合结构体系，适合开间、进深较小，房间面积小，多层或低层的建筑。砖混结构类型划分见表 3-2。

表 3-2　砖混结构类型一览表

序号	类　型	说　明
1	砖石基础	砖基础、毛石基础
2	砖墙、砖柱	混水砖墙、清水墙
3	其他砌体	砖砌台阶、砖砌散水
4	零星	包括台阶挡墙、梯带、厕所蹲台、池槽、池槽腿、砖胎膜、花台、花池、楼梯栏板、阳台栏板、地垄墙及支撑地楞的砖墩，0.3 m² 以内的空洞填塞、小便槽、灯箱、垃圾箱、房上烟囱及毛石墙的门窗立边、窗台虎头砖

二、砌筑工程综合技能案例

(一)砖石基础工程量计算

1. 计算规则

(1)砖石基础按设计图示尺寸以体积计算。包括附墙垛基础宽出部分体积，扣除地梁(圈梁)、构造柱所占体积，不扣除基础大放脚 T 形接头处的重叠部分及嵌入基础内的钢筋、铁件、管道、基础砂浆防潮层和单个面积 0.3 m² 以内的孔洞所占体积。靠墙暖气沟的挑檐不增加。

(2)基础长度：外墙墙基按外墙中心线长度计算；内墙墙基按内墙基净长计算(图 3-1)。

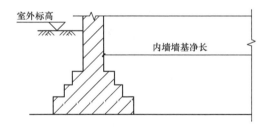

图 3-1　某内墙墙基示意图

2. 有关说明

(1)砌体子目中砌筑砂浆强度等级为 M5.0，设计要求不同时可以换算。

(2)子目按不同规格编制，材料种类不同时可以换算，人工、机械不变。

【例 3-1】　某砖基础平面图及详图如图 3-2 所示，采用 M5 混合砂浆和多孔砖 240 mm×115 mm×90 mm 砖砌筑基础。计算该基础工程量。

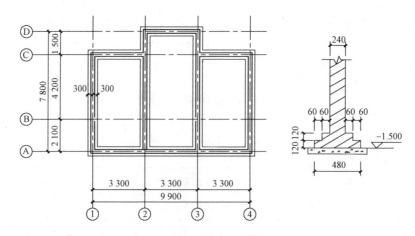

图 3-2 某砖基础平面图及详图

【解】 首先，划分基础和墙体，划分标准如下：

(1)基础与墙(柱)身使用同一种材料时，以设计室内地面为界(有地下室者，以地下室室内设计地面为界)，以下为基础，以上为墙(柱)身。

(2)基础与墙(柱)身使用不同材料时，位于设计室内地面±300 mm 以内时，以不同材料为分界线；超过 300 mm 时，以设计室内地面为分界线。

外墙中心线：$(9.9+7.8)×2=35.4(m)$

内墙基线：$(2.1+4.2-0.24)×2=12.12(m)$

基础体积：$(35.4+12.12)×[0.48×0.12+0.36×0.12+0.24×(1.5-0.24)]$
$\qquad\qquad =19.16(m^3)$

套用 13 定额：A3—2

(二)砖石墙体工程量计算

1. 计算规则

(1)墙体按设计图示尺寸以体积计算。扣除门窗、洞口(包括过人洞、空圈)、嵌入墙内的钢筋混凝土柱、梁、圈梁、挑梁、过梁及凹进墙内的壁龛、管槽、暖气槽、消火栓箱所占体积。不扣除梁头、板头、檩头、垫木、木楞头、沿椽木、木砖、门窗走头、砖墙内加固钢筋、木筋、铁件、钢管及单个面积 0.3 m² 以下的孔洞所占的体积。凸出墙面的腰线、挑檐、压顶、窗台线、虎头砖、门窗套、山墙泛水、烟囱根的体积亦不增加。凸出墙面的砖垛并入墙体体积内计算。附墙烟囱、通风道、垃圾道按其外形体积(扣除孔洞所占的体积)，并入所依附的墙体积内计算。女儿墙、栏板砌体按图示尺寸以立方米计算。

砖柱(砌块柱、石柱)(包括柱基、柱身)分方柱、圆柱按图示尺寸以立方米计算，扣除混凝土及钢筋混凝土梁垫、梁头、板头所占体积。

(2)基础长度：外墙按外墙中心线长度计算；内墙按内墙净长度计算。

(3)墙身高度按图示尺寸计算。如设计图纸无规定时，可按下列规定计算：

1)外墙：斜(坡)屋面无檐口天棚者算至屋面板底；有屋架且室内外均有天棚者算至屋

架下弦底另加 200 mm；无天棚者算屋架下弦另加 300 mm；出檐宽度超过 600 mm 时按实砌高度计算；有钢筋混凝土楼板隔层者算至楼板顶。平屋面算至钢筋混凝土板底。

2)内墙：位于屋架下弦者，算至屋架下弦底；无屋架者算至天棚底另加 100 mm；有钢筋混凝土楼板隔层者算至楼板顶；有框架梁时算至梁底。

3)女儿墙：从屋面板上表面算至女儿墙顶面(如有混凝土压顶时算至压顶下表面)。

4)内外山墙：按其平均高度计算。

2. 有关说明

(1)砌体子目中砌筑砂浆强度等级为 M5.0，设计要求不同时可以换算。砌体子目按不同规格编制，材料种类不同时可以换算，人工、机械不变。砌块砌体子目按水泥石灰砂浆编制，如设计使用其他砂浆或胶粘剂的，按设计要求进行换算。

(2)砖墙子目中已包括了砖碹、砖过梁、砖圈梁、门窗套、窗眉、窗台线、附墙烟囱、腰线、压顶线、砖挑檐及泛水等。砖砌女儿墙、栏板(除楼梯栏板、阳台栏板外)、围墙按相应的墙体定额执行。

(3)蒸压加气混凝土砌块墙未包括墙底部实心砖(或混凝土)坎台，其底部实心砖(或混凝土)坎台应另套相应砖墙(或混凝土构件)子目计算。小型空心砌块墙已包括芯柱等填灌细石混凝土。其余空心砌块墙需填灌混凝土者，套用空心砌块墙填充混凝土子目计算。砖渣混凝土空心砌块墙按相应规格的小型空心砌块墙子目计算。

(4)砖墙、砖柱按混水砖墙、砖柱子目编制，单面清水墙、清水柱套用混水砖墙、砖柱子目，人工乘以系数 1.1。

(5)砌筑圆形(包括弧形)砖墙及砌块墙，半径≤10 m 者，套用弧形墙子目，无弧形墙子目的项目，套用直形墙子目，人工乘以系数 1.1，其余不变；半径>10 m 者，套用直形墙子目。砌筑半径≤10 m 的圆弧形石砌体基础、墙(含砖石混合砌体)，按定额项目人工乘以系数 1.1。

【例 3-2】 某砖墙平面图和立面图如图 3-3 所示，采用 M5 混合砂浆和 240 mm×115 mm×90 mm 多孔砖砌筑，墙厚 240 mm，层高 3.6 m，顶部设置圈梁，梁高 180 mm，采用钢筋混凝土过梁，高 120 mm，每边伸入支座 250 mm，女儿墙顶部设置压顶，高为 200 mm。计算该墙体工程量。

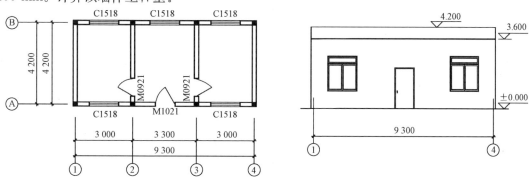

图 3-3 某砖墙平面和立面图

【解】 标准砖规格为 240 mm×115 mm×53 mm、多孔砖规格为 240 mm×115 mm× 90 mm，240 mm×180 mm×90 mm，其砌体计算厚度均按表3-3计算。

表3-3 标准砖、多孔砖砌体计算厚度表   mm

砖数（厚度）	1/4	1/2	3/4	1	1.5	2	2.5	3
标准砖厚度	53	115	180	240	365	490	615	740
多孔砖厚度	90	115	215	240	365	490	615	740

注：使用其他砌块时，其砌体厚度应按砌块的规格尺寸计算。多孔砖墙按图示尺寸以立方米计算，不扣除砖孔的体积。

外墙中心线：$(9.3+4.2)×2=27.00(m)$

内墙基线：$(4.2-0.24)×2=7.92(m)$

砖体积：$(27+7.92)×0.24×3.6=30.17(m^3)$

扣门：$-1×2.1×0.24-0.9×2.1×0.24×2=-1.41(m^3)$

扣窗：$-1.5×1.8×0.24×5=3.24(m^3)$

扣 GZ=8：$-0.24×0.24×3.6×8=-1.66(m^3)$

扣圈梁：$-0.24×0.18×(27+7.92)=-1.51(m^3)$

扣过梁：M1021=1：$-0.24×0.12×(1+0.25×2)=-0.04(m^3)$

M0921=2：$-0.24×0.12×(0.9+0.25×2)×2=-0.08(m^3)$

C1518=5：$-0.24×0.12×(1.5+0.25×2)×5=-0.29(m^3)$

女儿墙：$0.24×(0.6-0.2)×27.00=2.59(m^3)$

汇总：工程量$=30.17-1.41-3.24-1.66-1.51-0.04-0.08-0.29+2.59=24.53(m^3)$

套用13定额：A3—11

(三)钢筋混凝土框架间墙体工程量计算

1. 计算规则

钢筋混凝土框架间墙，按框架间的净空面积乘以墙厚计算，框架外表镶贴砖部分，按零星砌体列项计算。

2. 有关说明

砌块子目中已包括实心配块，砌块墙体顶部如采用其他种类配块补砌，不得换算。

【例 3-3】 某框架结构建筑平面和剖面图如图 3-5 所示，框架柱为 400 mm×400 mm，采用 M5 混合砂浆和 240 mm×115 mm×90 mm 多孔砖砌筑，墙厚 240 mm，层高 3.2 m，采用钢筋混凝土过梁，高 120 mm，每边伸入支座 250 mm，女儿墙顶部设置压顶，高为 100 mm。所有墙体上均有框架梁，梁高 500 mm。计算该墙体工程量。

【解】 ①、④轴：$(6.24-0.4×2)×0.24×(3.2-0.5)×2=7.05(m^3)$

②、③轴=2：$(6.24-0.4×2)×0.24×(3.2-0.5)×2=7.05(m^3)$

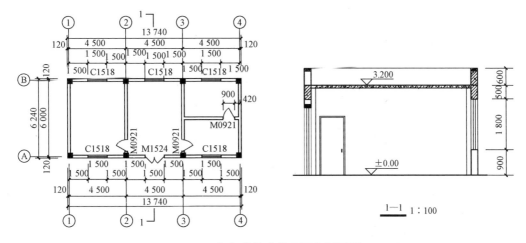

图 3-4 框架结构建筑平面和剖面图

扣 M0921＝2：－0.24×0.9×2.1×2＝－0.91(m³)

扣过梁　M0921＝2：－0.24×0.12×(0.9＋0.25×2)×2＝－0.08(m³)

②、③轴小计：7.05－0.91－008＝6.06(m³)

Ⓐ轴：(13.74－0.4×4)×0.24×(3.2－0.5)＝7.87(m³)

扣 M1524＝1：－0.24×1.5×2.4＝－0.86(m³)

扣 C1518＝2：－0.24×1.5×1.8×2＝－1.30(m³)

扣过梁　M1524＝1：－0.24×0.12×(1.5＋0.25×2)＝－0.06(m³)

　　　　　C1518＝2：－0.24×0.12×(1.5＋0.25×2)×2＝－0.12(m³)

Ⓐ轴小计：7.87－0.86－1.30－0.06－0.12＝5.53(m³)

Ⓑ轴：(13.74－0.4×4)×0.24×(3.2－0.5)＝7.87(m³)

扣 C1518＝3：－0.24×1.5×1.8×3＝－1.94(m³)

扣过梁　C1518＝3：－0.24×0.12×(1.5＋0.25×2)×3＝－0.17(m³)

Ⓑ轴小计：7.87－1.94－0.17＝5.76(m³)

③、④轴：(4.5－0.24)×0.24×(3.2－0.5)＝2.76(m³)

扣 M0921＝1　－0.24×0.9×2.1＝－0.45(m³)

扣过梁　M0921＝2：－0.24×0.12×(0.9＋0.25×2)×2＝－0.04(m³)

③、④轴小计：2.76－0.45－0.04＝2.27(m³)

女儿墙　0.24×(0.6－0.1)×(13.74－0.24＋6)×2＝4.68(m³)

汇总：工程量＝7.05＋5.53＋5.76＋6.06＋2.27＝26.67(m³)

套用 13 定额：A3－11

(四)其他砌体工程量计算

1. 计算规则

砖砌台阶(图 3-5)(不包括梯带)按水平投影面积以平方米计算；砖散水、地坪按设计图示尺寸以面积计算，砖砌明沟按其中心线长度以延长米计算。

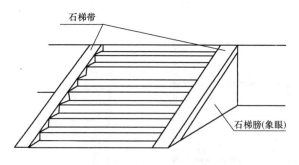

图 3-5　砖砌台阶示意图

2. 有关说明

砖砌、石砌地沟不分墙基、墙身合并以立方米计算。

【例 3-4】　某台阶、散水、明沟平面图如图 3-6 所示，墙厚 240 mm，散水采用 11ZJ001 $\frac{5}{125}$，台阶采用 11ZJ001 $\frac{10}{129}$，明沟采用 11ZJ901 $\frac{4}{6}$，明沟纵向坡度为 0.5%，起坡深度为 120 mm，采用 M5 混合砂浆和 240 mm×115 mm×90 mm 多孔砖砌筑，计算该台阶、散水、明沟工程量。

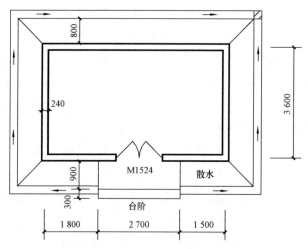

图 3-6　台阶、散水、明沟平面图

【解】　散水工程量：$(1.8+2.7+1.5+0.24+3.6+0.24)×2×0.8+0.8×0.8×4-2.7×0.8=16.53(\text{m}^2)$

套用 13 定额：A3—45

台阶工程量：$(0.3+0.3)×2.7=1.62(\text{m}^2)$

套用 13 定额：A3—40

明沟工程量：$(1.8+2.7+1.5+0.24+0.8×2+0.26+3.6+0.24+0.8×2+0.26)×2-2.7=24.9(\text{m})$

套用 13 定额：A3—48

左沟深的判断：

$1.8+0.12+0.8+0.13+3.6+0.24+0.8\times2+0.26+1.8+2.7+1.5+0.24+0.8\times2+0.26=16.65(m)$

$16.65\times0.5\%/2+0.12=0.16(m)$

套用 13 定额：A3－49×4 工程量为 16.65 m

右沟深的判断：

$1.5+0.12+0.8+0.13+3.6+0.24+0.8\times2+0.26=8.25(m)$

$8.25\times0.5\%/2+0.12=0.14(m)$

套用 13 定额：A3－49×2 工程量为 8.25 m

(五)零星砌体工程量计算

1. 计算规则

零星砌体工程量按实砌体积，以立方米计算。

2. 有关说明

台阶挡墙、梯带、厕所蹲台、池槽、池槽腿、砖胎膜、花台、花池、楼梯栏板、阳台栏板、地垄墙及支撑地楞的砖墩，0.3 m² 以内的空洞填塞、小便槽、灯箱、垃圾箱、房上烟囱及毛石墙的门窗立边、窗台虎头砖按零星砌体计算。

【例 3-5】 图 3-7 所示为台阶挡墙详图，计算该台阶挡墙工程量。

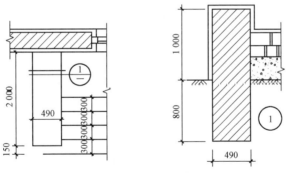

图 3-7 台阶挡墙详图

【解】 工程量＝$2\times1.8\times0.49=1.76(m^3)$

【例 3-6】 图 3-8 所示为厕所池槽详图，计算该厕所池槽的工程量。

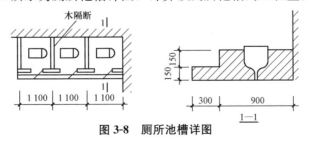

图 3-8 厕所池槽详图

【解】 工程量＝$3.3\times(0.3\times0.15+0.9\times0.3)=1.04(m^3)$

(六)围墙、护坡挡土墙工程量计算

1. 计算规则

(1)围墙砌体按图示尺寸以立方米计算,围墙砖垛及砖压顶并入墙体体积内计算。围墙高度算至压顶上表面(如有混凝土压顶时算至压顶下表面)。

(2)挡土墙砌体和护坡砌体计算规则同墙体。

2. 有关说明

(1)砖石围墙,以设计室外地坪为界线,以下为基础,以上为墙身。

(2)砖砌挡土墙墙厚在2砖以内的,按砖墙定额执行;墙厚在2砖以上的,按砖基础定额执行。毛石护坡高度超过4m时,定额人工乘以系数1.15。

(3)砌筑圆形(包括弧形)砖墙及砌块墙,半径≤10m者,套用弧形墙子目,无弧形墙子目的项目,套用直形墙子目,人工乘以系数1.1,其余不变;半径>10m者,套用直形墙子目。砌筑半径≤10m的圆弧形石砌体基础、墙(含砖石混合砌体),按定额项目人工乘以系数1.1。

【例3-7】 图3-9所示为围墙详图,围墙长度为100m,计算该围墙基础和墙体工程量。

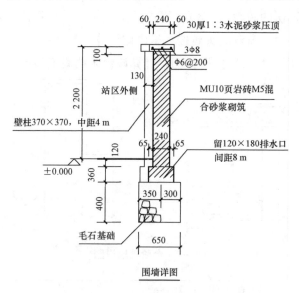

图3-9 围墙详图

【解】 毛石基础体积:$100 \times 0.65 \times 0.4 = 26.00(m^3)$

套用13定额:A3—73

砖基础体积:$100 \times [0.36 \times (0.24 + 0.065 \times 2) + 0.24 \times 0.12] = 16.20(m^3)$

砖基础垛体积:$25 \times (0.36 \times 0.13 \times 0.36 + 0.36 \times 0.12 \times 0.13) = 0.56(m^3)$

汇总:工程量$= 16.20 + 0.56 = 16.76(m^3)$

套用13定额:A3—73

墙体体积:$100 \times 2.1 \times 0.24 = 50.40(m^3)$

砖垛体积：$25 \times 2.1 \times (0.37-0.24) \times 0.37 = 2.53 (\mathrm{m}^3)$

汇总：工程量$=50.40+2.53=52.93 (\mathrm{m}^3)$

套用 13 定额：A3—11

(七)垫层工程量计算

1. 计算规则

垫层按设计图示面积乘以设计厚度以立方米计算，应扣除凸出地面的构筑物、设备基础、室内管道、地沟等所占体积，不扣除间壁墙和单个 $0.3 \mathrm{m}^2$ 以内的柱、垛、附墙烟囱及孔洞所占体积。

2. 有关说明

(1)定额垫层均不包括基层下原土打夯。如需打夯者，按土(石)方工程相应定额子目计算。

(2)混凝土垫层按混凝土及钢筋混凝土工程相应定额子目计算。

第二节　混凝土工程工程量计算

本节计算的项目主要为基础、墙、柱、梁、板、楼梯、散水、压顶、小型构件。

一、概述

本节包括混凝土工程、预制混凝土构件安装及运输工程、钢筋制作安装工程，适用于建筑工程中的混凝土及钢筋混凝土工程。混凝土工程造价类型见表 3-4。

表 3-4　混凝土工程造价类型一览表

序号	分　类	说　明
1	基础构件	包括筏形基础、带形基础、独立基础
2	竖直构件	墙体(包括连梁)、框架柱
3	水平构件	梁构件、板构件(一般板、悬挑类、反檐类)
4	楼梯构件	整体楼梯
5	其他构件	压顶、散水、小型构件、后浇带等
6	二次结构	构造柱、圈梁、过梁

注：1. 现浇混凝土浇捣、构筑物浇捣是按商品混凝土编制的，采用泵送时套用定额相应子目，采用非泵送时，每立方米混凝土人工费增加 21 元。

2. 混凝土的强度等级和粗细集料是按常用规格编制的，如设计规定与定额不同时应进行换算。

3. 毛石混凝土子目，按毛石占毛石混凝土体积的 20% 编制，如设计要求不同时，材料消耗量可以调整，人工、机械消耗量不变。

4. 现浇混凝土浇捣工程量除另有规定外，均按设计图示尺寸实体体积以立方米计算，不扣除构件内钢筋、预埋铁件及墙、板中单个面积 $0.3 \mathrm{m}^2$ 以内的孔洞所占体积。

二、混凝土工程综合技能案例

(一)基础结构工程量计算

1. 计算规则

基础垫层及各类基础按图示尺寸计算，不扣除嵌入承台基础的桩头所占体积。

2. 有关说明

(1)基础与垫层的划分，一般以设计确定为准，如设计不明确时，以厚度划分：200 mm 以内的为垫层，200 mm 以上的为基础。混凝土地面与垫层的划分，一般以设计确定为准，如设计不明确时，以厚度划分：120 mm 以内的为垫层，120 mm 以上的为地面。

(2)地下室底板中的桩承台、电梯井坑、明沟等与底板一起浇捣者，其工程量应合并到地下室底板工程量中套相应的定额子目。

(3)箱形基础应分别按满堂基础、柱、墙及板的有关规定计算，套相应定额项目。墙与顶板、底板的划分以顶板底、底板面为界。边缘实体积部分按底板计算。

(4)设备基础除块体基础以外，其他类型的设备基础分别按基础、梁、柱、板、墙等有关规定计算，套相应定额项目。

(5)带形桩承台按带形基础定额项目计算，独立式桩承台按相应定额项目计算。

【例 3-8】 图 3-10 所示为某有梁式带形基础平面及剖面图，混凝土强度等级为 C20，计算该基础工程量。

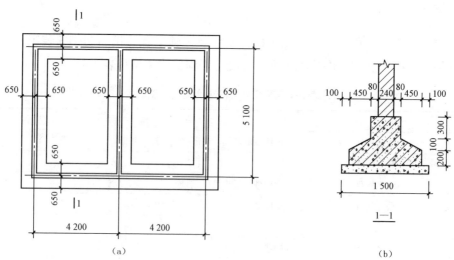

图 3-10 某有梁式带形基础平面及剖面图

(a)平面图；(b)1—1 剖面图

【解】 外墙长度：$(4.2+4.2+5.1)×2=27.00(m)$

内墙长度：$5.1-0.4-0.45=4.25(m)$

基础断面：$0.3×0.4+(0.4+1.3)×0.1/2+1.3×0.2=0.47(m^2)$

汇总：工程量＝(27＋4.25)×0.47＝14.69(m³)

套用 13 定额：A4－5

(二)墙体工程量计算

1. 计算规则

外墙按图示中心线长度，内墙按图示净长乘以墙高及墙厚以立方米计算，应扣除门窗洞口及单个面积 0.3 m² 以外孔洞的体积，附墙柱、暗柱、暗梁及墙面突出部分并入墙体积内计算。

墙高按基础顶面(或楼板上表面)算至上一层楼板上表面。

2. 有关说明

(1)混凝土墙与钢筋混凝土矩形柱、T 形柱、L 形柱按照以下规则划分：以矩形柱、T 形柱、L 形柱长边(h)与短边(b)之比 $r(r=h/b)$ 为基准进行划分，当 $r\leq4$ 时按柱计算；当 $r>4$ 时按墙计算，如图 3-11 所示。

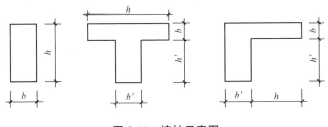

图 3-11　墙柱示意图

(2)弧形半径≤10 m 的梁(墙)按弧形梁(墙)计算。

【例 3-9】　图 3-12 所示为某墙柱平面图，试计算本层 C20 墙体工程量。

剪力墙墙柱表			
截面 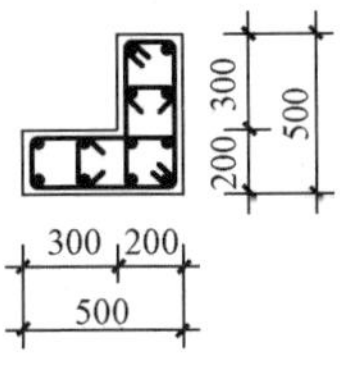 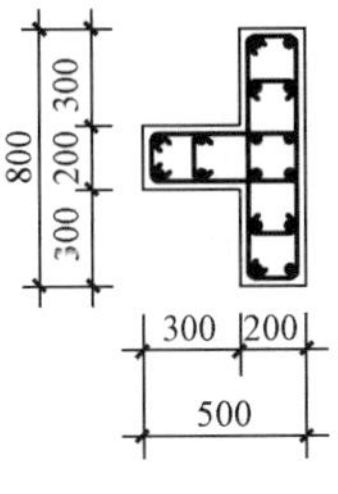 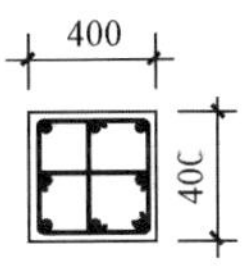 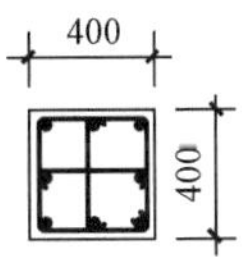			
编号	YDZ-1	YDZ-2	KZ-1	KZ-2
标高	43.570~46.570	43.570~46.570	43.570~46.570	43.570~46.570
纵筋	12⏀16	16⏀16	8⏀16	8⏀16
箍筋	⏀8@120	⏀8@120	⏀8@100	⏀8@100

图 3-12　某墙柱平面图(一)

剪力墙身表					
编号	标高	墙厚	水平分布筋	垂直分布筋	拉筋
Q-1(2排)	43.570~46.570	200	$\phi10@200$	$\phi10@200$	$\phi6@400\times400$
Q-2(2排)	43.570~46.570	200	$\phi10@200$	$\phi10@200$	$\phi6@400\times400$

剪力墙连梁表							（注：H 为各楼层结构面标高）
编号	所在楼层标高	梁顶标高	梁截面 $b\times H$	上部纵筋	下部纵筋	箍筋	两侧腰筋	备注
LL-1	43.570~46.570	梁顶标高为 H	200×600	3±18	3±18	$\phi8@100(2)$	G2±12	门洞 1 700×3 100

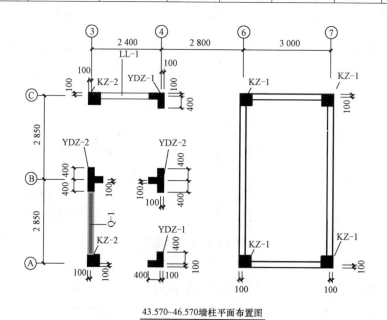

43.570~46.570墙柱平面布置图

图 3-12　某墙柱平面图(二)

【解】　判断 YDZ-1 和 YDZ-2 为柱还是墙：

YDZ-1：$0.3/0.2=1.5<4$，为柱子；YDZ-2：$0.8/0.2=4$ 且 $0.3/0.2=1.5<4$，为柱子。

Q-1：$(2.85-0.4-0.3)\times3=6.45(\text{m}^3)$

LL-1：$(2.4-0.4-0.3)\times3=5.10(\text{m}^3)$

汇总：工程量=$5.1+6.45=11.55(\text{m}^3)$

套用 13 定额：A4—28

(三)柱子工程量计算

1. 计算规则

按设计图示断面面积乘以柱高以立方米计算。

2. 有关说明

(1)有梁板的柱高，应自柱基或楼板上表面至上一层楼板上表面之间的高度计算。

(2)无梁板的柱高，应自柱基或楼板上表面至柱帽下表面之间的高度计算。

(3)框架柱的柱高，应自柱基上表面至柱顶高度计算。

(4)构造柱的柱高，应按全高计算，与砖墙嵌接部分的体积并入柱身体积内计算。

(5)依附柱上的牛腿和升板的柱高，并入柱身体积内计算。

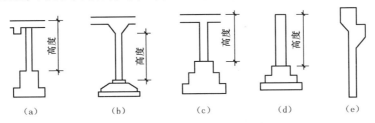

图 3-13　柱子高度取值示意图

(a)有梁柱柱高；(b)无梁板柱高；(c)框架柱柱高；(d)构造柱柱高；(e)依附柱上的牛腿和升板柱高

【例 3-10】　如图 3-12 所示，混凝土强度等级为 C20，计算该柱子工程量。

【解】　矩形柱计算：

KZ-1＝4：0.4×0.4×3×4＝1.92(m³)

KZ-2＝2：0.4×0.4×3×2＝0.96(m³)

汇总：工程量＝1.92＋0.96＝2.88(m³)

套用 13 定额：A4－18

多边形柱计算：

YDZ-1＝2：(0.2×0.5＋0.2×0.3)×3×2＝0.96(m³)

YDZ-2＝2：(0.2×0.8＋0.2×0.3)×3×2＝1.32(m³)

汇总：工程量＝1.32＋0.96＝2.28(m³)

套用 13 定额：A4－19

(四)梁工程量计算

1. 计算规则

按设计图示断面面积乘以梁长以立方米计算。

2. 有关说明

(1)梁长按规定确定：梁与柱连接时，梁长算至柱侧面；主梁与次梁连接时，次梁长算至主梁侧面。

(2)伸入砌体内的梁头、梁垫并入梁体积内计算；伸入混凝土墙内的梁部分体积并入墙计算。

(3)挑檐、天沟与梁连接时，以梁外边线为分界线。

(4)悬臂梁、挑梁嵌入墙内部分按圈梁计算。

(5)圈梁通过门窗洞口时，门窗洞口宽加 500 mm 的长度作为过梁计算，其余作为圈梁计算。

(6)卫生间四周坑壁采用素混凝土时，套圈梁定额。

(五)板工程量计算

1. 计算规则

板按图示面积乘以板厚以立方米计算。

2. 有关说明

(1)不同形式的楼板相连时，以墙中心线或梁边为分界，分别计算工程量，套相应定额。板伸入砖墙内的板头并入板体积内计算，板与混凝土墙、柱相接部分，按柱或墙计算。

(2)混凝土斜板，当坡度在 $11°19'\sim26°34'$ 时，按相应板定额子目人工费乘以系数 1.15；当坡度在 $26°34'\sim45°$ 时，按相应板定额子目人工费乘以系数 1.2；当坡度在 $45°$ 以上时，按墙子目计算。如图 3-14 所示为斜板示意图。

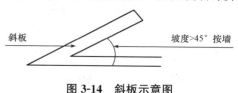

图 3-14　斜板示意图

(3)凸出墙面的钢筋混凝土窗套，窗上下侧挑出的板按悬挑板计算，窗左右侧挑出的板按栏板计算。板造价类型见表 3-5。

表 3-5　板造价类型一览表

序号	类　型	分类方法		计算方法
1	结构类板	有主、次梁与板的楼盖		按梁、板体积之和计算
		无梁，有柱子和柱帽		按板和柱帽体积之和计算
		无柱、无梁，四周直接搁置在墙(或圈梁、过梁)上		按板实体体积计算，属于板
2	悬挑类板	在屋面处	挑长≤500 mm 以挑檐	现浇挑檐天沟，按图示尺寸以立方米计算
			挑长>500 mm 以雨棚	与屋面板或楼板相连，并入屋面板或楼板计算
				与屋面板或楼板不相连，以悬挑板计算
		不在屋面位置的悬挑板 以悬挑板		悬挑板包括伸出墙外的牛腿、挑梁，按图示尺寸以立方米计算，其嵌入墙内的梁，分别按过梁或圈梁计算
3	反檐类板	反檐高<600 mm 以楼板		并入板内计算
		600 mm<反檐高≤1 200 mm 以栏板		栏板按图示面积乘以板厚以立方米计算
		反檐高>1 200 mm 以墙体		按墙计算

注：有主、次梁结构的大雨篷，应按有梁板计算。

【例 3-11】 如图 3-15 所示为某单层厂房结构平面图，梁板混凝土强度等级为 C20，板厚 100 mm，柱基础顶面为 -0.8 m，柱截面尺寸为：$Z_1 = 300 \times 500$，$Z_2 = 400 \times 500$，$Z_3 = 300 \times 500$，计算该有梁板工程量。

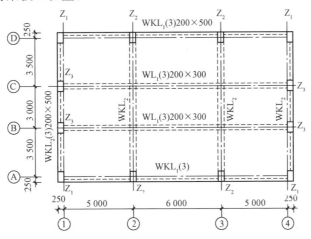

图 3-15　单层厂房结构平面图

【解】 板工程量：$(5 \times 2 + 6 + 0.25 \times 2) \times (3.5 + 3 + 3.5 + 0.25 \times 2) \times 0.1 = 17.33 (\mathrm{m}^3)$

扣柱子截面：$-(0.3 \times 0.5 \times 4 + 0.4 \times 0.5 \times 4 + 0.3 \times 0.5 \times 4) \times 0.1 = -0.20 (\mathrm{m}^3)$

板小计：$17.33 - 0.20 = 17.13 (\mathrm{m}^3)$

梁工程量：

$WKL_1(3) = 2：(5 \times 2 + 6 + 0.25 \times 2 - 0.4 \times 2 - 0.3 \times 2) \times 0.2 \times (0.5 - 0.1) \times 2$
$\qquad = 2.42 (\mathrm{m}^3)$

$WKL_2(3) = 2：(3.5 \times 2 + 3 + 0.25 \times 2 - 0.5 \times 2 - 0.4 \times 2) \times 0.2 \times (0.5 - 0.1) \times 2$
$\qquad = 1.39 (\mathrm{m}^3)$

$WKL_2(1) = 2：(3.5 \times 2 + 3 + 0.25 \times 2 - 0.4 \times 2) \times 0.2 \times (0.5 - 0.1) \times 2 = 1.55 (\mathrm{m}^3)$

$WL_1(3) = 2：(5 \times 2 + 6 + 0.25 \times 2 - 0.3 \times 2 - 0.2 \times 2) \times 0.2 \times (0.3 - 0.1) \times 2$
$\qquad = 1.24 (\mathrm{m}^3)$

梁小计：$2.42 + 1.39 + 1.55 + 1.24 = 6.60 (\mathrm{m}^3)$

汇总：工程量 $= 17.13 + 6.60 = 23.73 (\mathrm{m}^3)$

套用 13 定额：A4-31

(六)楼梯工程量计算

1. 计算规则

包括休息平台、梁、斜梁及楼梯与楼板的连接梁，按设计图示尺寸以水平投影面积计算，不扣除宽度不大于 500 mm 的楼梯井。当整体楼梯与现浇楼板无梯梁连接时，以楼梯的最后一个踏步边缘加 300 mm 为界，伸入墙内的体积已考虑在定额内，不得重复计算。楼梯基础、用以支撑楼梯的柱、墙及楼梯与地面相连的踏步，应另按相应项目计算，如图3-16所示。

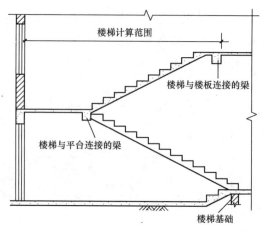

图 3-16　楼梯示意图

2. 有关说明

架空式混凝土台阶：包括休息平台、梁、斜梁及板的连接梁，按设计图示尺寸以水平投影面积计算，当台阶与现浇楼板无梁连接时，以台阶的最后一个踏步边缘加下一级踏步的宽度为界，伸入墙内的体积已考虑在定额内，不得重复计算。

【例 3-12】　图 3-17 所示为某楼梯平面图，楼梯混凝土强度等级为 C20，梯板厚 100 mm，梯梁宽为 200 mm，计算该楼梯工程量。

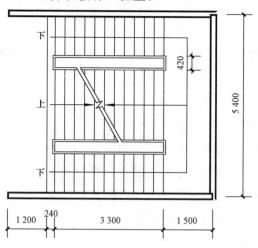

图 3-17　某楼梯平面图

【解】　工程量＝(0.24＋3.3＋1.5−0.1＋0.2)×(5.4−0.2)＝26.73(m²)

套用 13 定额：A4−49

(七)其他工程量计算

1. 计算规则

(1)扶手和压顶按设计图示尺寸实体体积以立方米计算。

(2)散水按设计图示尺寸以平方米计算，不扣除单个 0.3 m² 以内的孔洞所占面积。混凝土明沟按设计图示中心线长度以米计算。混凝土明沟与散水的分界：明沟净空加两边壁厚的部分为明沟，以外部分为散水。

（3）小型构件按设计图示实体体积以立方米计算。

2. 有关说明

混凝土小型构件，是指单个体积在 0.05 m³ 以内的未列出定额项目的构件。外形体积在 2 m³ 以内的池槽为小型池槽。

(八)后浇带工程量计算

1. 计算规则

地下室、梁、板、墙工程量均应扣除后浇带体积，后浇带工程量按设计图示尺寸以立方米计算。

2. 有关说明

后浇带是在建筑施工中为防止现浇钢筋混凝土结构由于自身收缩不均或沉降不均可能产生的有害裂缝，按照设计或施工规范要求，在基础底板、墙、梁相应位置留设临时施工缝，将结构暂时划分为若干部分，经过构件内部收缩，在若干时间后再浇捣该施工缝混凝土，将结构连成整体的地带。其强度等级应比构件强度高一级，防止新老混凝土之间出现裂缝，造成薄弱部位。设置后浇带的部位还应考虑模板等措施不同的消耗因素。

第三节　钢结构工程工程量计算

本节计算的项目主要为钢屋架、钢柱、钢梁、钢楼板和墙板、钢墙架、钢挡风架、钢檩条、钢支撑、其他构件等。

一、概述

钢结构是以钢材制作为主的结构，是主要的建筑结构类型之一。它是由型钢和钢板等制成的钢梁、钢柱、钢桁架等构件，各构件或部件之间采用焊缝、螺栓或铆钉连接的结构，是主要的建筑结构类型。

钢结构的施工一般分为构件制作、构件运输、构件安装、刷油四个阶段。钢结构造价分类见表 3-6。

表 3-6　钢结构造价分类一览表

序号	构　件	说　明
1	钢屋架、 钢网架、钢桁架	钢屋架一般分为普通和轻钢两类，轻钢屋架指单榀重量在 1 t 以内，且用小型角钢或钢筋、管材作为支撑拉杆的钢屋架

序号	构　件	说　明
2	钢柱	实腹式柱就是腹板是不开洞的，如工字钢、C型钢等，空腹式就是腹板是开洞的，如蜂窝梁等
3	钢吊车梁、钢制动梁、型钢梁	钢吊车梁用于专门装载厂房内部吊车的梁，一般安装在厂房上部；钢制动梁是为了增加吊车梁的侧向刚度，并与吊车梁一起承受由吊车传来的横向刹车力和冲击力而在吊车梁的旁边增设的梁，是吊车梁的旁边增设的梁，它与吊车梁采用焊接或者螺栓连接
4	钢楼板、钢墙板	覆盖在屋面和墙面处
5	钢墙架、钢挡风架、钢檩条、钢支撑	钢支撑一般是倾斜的连接构件，最常见的是人字形和交叉形状的，截面形式可以是钢管、H型钢、角钢等，作用是增强结构的稳定性，一般设置在柱间和屋架间；钢檩条是屋盖结构体系中次要的承重构件，它将屋面荷载传递到钢架，常见的钢檩条有Z型钢檩条和C型钢檩条；钢墙架是现代建筑工程中的一种金属结构建材，一般多由型钢制作而作为墙的骨架，并主要包括墙架柱、墙架梁和连接杆件等部件
6	其他构件	包括钢平台、操作台、走道平台；钢梯、钢栏杆等

(1)定额中钢材损耗率为6%。损耗率超过6%的异型构件，合同无约定的，预算时按6%计算，结算时按经审定的施工组织设计计算损耗率，损耗超过6%部分的残值归发包人。

(2)定额中金属结构制作子目，除螺栓球节点钢网架外，均按焊接方式编制。除注明者外，均包括现场(工厂)内的材料运输、号料、加工、组装及成品堆放等全部工序。

(3)除机械加工件及螺栓、铁件以外，设计钢材型号、规格、比例与定额不同时，可按实调整，其他不变。

(4)定额中构件制作子目未包括除锈、刷防锈漆的人工、材料消耗量。定额各子目均不包括焊缝无损探伤(如X光透视、超声波探伤、磁粉探伤、着色探伤等)，不包括探伤固定支架制作和被检工件的退磁等费用。

(5)金属构件安装工程所需搭设的脚手架按施工组织设计或按实际搭设的脚手架计算。本定额构件安装子目不包括钢构件安装所需的支承胎架，如有发生，按经审定的施工方案计算。

(6)定额中是按单机作业制定的，必须采取双机抬吊时，抬吊部分的构件安装定额人工、机械台班乘以系数2。钢构件若需跨外安装时，其人工、机械费乘以系数1.18。

(7)定额中构件安装子目已包括临时耳板工料。定额不包括起重机械、运输机械行使道路和吊装路线的修整、加固及铺垫工作的人工、材料和机械。定额起重机械是按汽车式起重机编制的，采用其他起重机械不得调整。

(8)金属零星构件是指单件质量在100 kg以内且定额未列出子目的钢构件。

二、钢结构工程综合技能案例

(一)钢屋架、钢网架、钢桁架工程量计算

1. 计算规则

(1)金属结构制作、安装、运输工程量，按设计图示尺寸以质量计算。不扣除孔眼的质量，焊条、铆钉、螺栓等不另增加质量。

(2)焊接球节点钢网架工程量按设计图示尺寸的钢管、钢球以质量计算。支撑点钢板及屋面找坡顶管等，并入网架工程量内。

(3)钢屋架、钢桁架、钢托梁制作平台摊销工程量按相应制作工程量计算。

2. 有关说明

(1)钢屋架、钢桁架、钢天窗架安装定额中不包括拼装工序，如需拼装时，按相应拼装子目计算。钢屋架、钢桁架、钢托架制作平台摊销子目，实际发生时才能套用。

(2)桁架制作按直线形桁架编制，如设计为曲线、折线时，按其相应子目人工乘以系数1.3。

(3)钢屋架单榀质量在1t以下者，按轻钢屋架定额子目计算。钢网架安装是按以下两种方式编制的，若施工方法与定额不同时，可另行补充。

1)焊接球节点钢网架安装是按分体吊装编制的。

2)螺栓球节点钢网架安装是按高空散装编制的。

【例3-13】 图3-18所示为某钢屋架结构图，计算该钢屋架工程量。

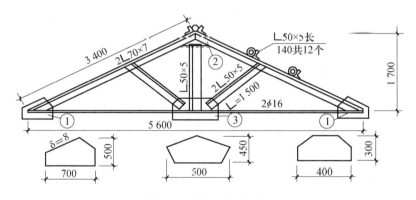

图3-18 某钢屋架结构图

【解】 主要是计算杆件和连接板。

$$杆件质量＝杆件设计图纸尺寸×单位理论质量$$

$$多边形角板＝最大对角线长度×最大宽度×面密度$$

通过编制出可以统一计算钢结构的表格，计算出钢材用量，见表3-7。

套用13定额：A6－2

表 3-7　钢结构屋架计算表

构件名称	钢材类型	规格	材质	构件数量	单件根数	工程量公式	理论质量	单根质量	总质量	单位
上弦杆	角钢	角钢70×7	Q235B	2	2	3.4	7.39	25.126	100.504	kg
下弦杆	圆钢	圆钢16	Q235B	1	2	5.6	1.58	8.848	17.696	kg
立杆	角钢	角钢50×5	Q235B	1	1	1.7	3.77	6.409	6.409	kg
斜撑	角钢	角钢50×5	Q235B	2	2	1.7	3.77	6.409	25.636	kg
1号连接板	钢板	钢板8	Q235B	1	2	0.35	62.8	21.98	43.96	kg
2号连接板	钢板	钢板8	Q235B	1	1	0.225	62.8	14.13	14.13	kg
3号连接板	钢板	钢板8	Q235B	1	1	0.12	62.8	7.536	7.536	kg
									215.871	kg

(二)钢柱工程量计算

1. 计算规则

金属结构制作、安装、运输工程量，按设计图示尺寸以质量计算。不扣除孔眼的质量，焊条、铆钉、螺栓等不另增加质量。

(1)依附在钢柱上的牛腿及悬臂梁等并入钢柱工程量内。

(2)钢管柱上的节点板、加强环、内衬管、牛腿等并入钢管柱工程量内。

2. 有关说明

(1)组合型钢柱制作不分实腹、空腹柱，均套组合型钢柱子目计算。钢柱安装在混凝土柱上，其人工、机械费乘以系数1.43。定额钢柱安装按垂直柱考虑，斜柱安装所需的措施费用，应按经审批的施工方案另行计算。

(2)钢柱地脚锚栓安装不包括锚栓套架。锚栓套架按混凝土及钢筋混凝土工程套用预埋铁件子目。

【例 3-14】　某钢柱如图 3-19 所示，共 20 根，计算其工程量。

【解】　通过编制出可以统一计算钢结构的表格，计算出钢材用量，见表 3-8。

表 3-8　钢结构柱计算表

构件名称	钢材类型	规格	材质	构件数量	单件根数	工程量公式	理论质量	单根质量	总质量	单位
柱主体	槽钢	[32b(10)		1	2	3.440	43.25	148.78	297.56	kg
水平杆	角钢	∟100×8		1	6	0.305	12.276	3.744 18	22.47	kg
斜杆	角钢	∟100×8		1	6	1.036	12.276	12.717 9	76.31	kg

构件名称	钢材类型	规格	材质	构件数量	单件根数	工程量公式	理论质量	单根质量	总质量	单位
底座	角钢	∟140×8		1	4	0.320	21.488	6.876 16	27.50	kg
底座钢板	钢板	—12		1	1	0.49	94.2	46.158	46.16	kg
									470.00	

柱子高度：0.14+(1+0.1)×3=3.44(m)

工程量=20×0.47=9.400(t)

套用 13 定额：A6—13

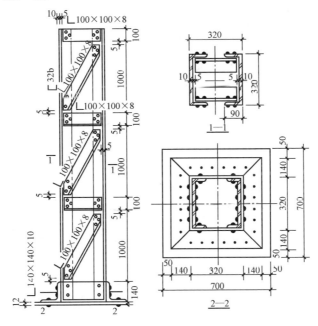

图 3-19 某钢柱结构图

(三)钢梁工程量计算

金属结构制作、安装、运输工程量，按设计图示尺寸以质量计算。不扣除孔眼的质量，焊条、铆钉、螺栓等不另增加质量。制动梁、制动板、制动桁架、车挡并入钢吊车梁工程量内。

(四)钢楼板、钢墙板工程量计算

压型钢板墙板按设计图示尺寸以铺挂展开面积计算。不扣除单个 0.3 m² 以内的梁、孔洞所占面积，包角、包边、窗台泛水等不另增加面积。

压型钢板楼板按设计图示尺寸以铺设水平投影面积计算。不扣除单个 0.3 m² 以内的柱、垛及孔洞所占面积。

(五)钢墙架、挡风架、钢檩条、钢支撑工程量计算

1. 计算规则

金属结构制作、安装、运输工程量，按设计图示尺寸以质量计算。不扣除孔眼的质量，焊条、铆钉、螺栓等不另增加质量。

2. 有关说明

(1)钢支架、钢屋架(包括轻钢屋架)水平支撑、垂直支撑制作，均套屋架钢支撑子目计算。

(2)钢筋混凝土组合屋架钢拉杆，按屋架钢支撑制作子目计算。

【例3-15】 某钢柱支撑如图3-20所示，计算其工程量。

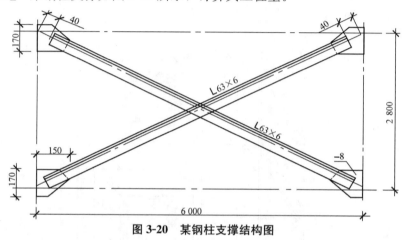

图3-20 某钢柱支撑结构图

【解】 通过编制统一计算钢结构的表格，可以计算出钢材用量，见表3-9。

表3-9 钢结构支撑计算表

构件名称	钢材类型	规格	材质	构件数	单件根数	工程量公式	理论质量	单根重	总质量	单位
拉杆	角钢	∟63×6		1	2	6.621	5.72	37.8721	75.744	kg
连接板	钢板	—8		1	4	0.026	62.8	1.6328	6.531	kg
									82.275	

套用13定额：A6—30

(六)钢平台、钢梯工程量计算

1. 计算规则

金属结构制作、安装、运输工程量，按设计图示尺寸以质量计算。不扣除孔眼的质量，焊条、铆钉、螺栓等不另增加质量。

2. 有关说明

(1)钢拉杆包括两端螺栓；平台、操作台(蓖式平台)包括钢支架；踏步式、爬式扶梯包

括梯围栏、梯平台。

（2）钢栏杆制作子目仅适用于工业厂房中平台、操作台的钢栏杆，不适用于民用建筑中的铁栏杆。

【例 3-16】 某钢梯如图 3-21 所示，计算其工程量。

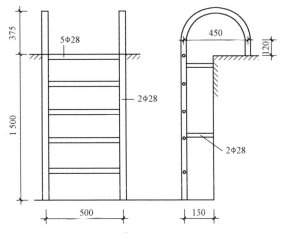

图 3-21 某钢梯结构图

【解】 通过编制统一计算钢结构的表格，可以计算出钢材用量，见表 3-10。

套用 13 定额：A6—45

表 3-10 钢结构楼梯计算表

构件名称	钢材类型	规格	材质	构件数	单件根数	工程量公式	理论质量	单根重	总质量	单位
竖直带弧	圆钢	Φ28		1	2	2.447	4.83	11.819	23.638	kg
直杆	圆钢	Φ28		1	5	0.528	4.83	2.550 24	12.751	kg
靠墙直杆	圆钢	Φ28		1	4	0.136	4.83	0.656 88	2.682	kg
									39.017	

(七)金属运输工程量计算

1. 计算规则

金属结构制作、安装、运输工程量，按设计图示尺寸以质量计算。不扣除孔眼的质量，焊条、铆钉、螺栓等不另增加质量。

2. 有关说明

（1）构件运输适用于由构件堆放场地或构件加工厂至施工现场的运输。定额综合考虑了城镇、现场运输道路等级、重车上、下坡等各种因素，不得因道路条件不同而调整。构件运输过程中，因路桥限载(限高)而发生的加固、扩宽等费用及公安交通管理部门保安护送费，应另行计算。

（2）按构件类型和外形尺寸划分为三类，如遇表 3-11 中未列的构件应参照相近的类别套用。

表 3-11　钢结构运输类型表

类型	项　目
1	钢柱、屋架、钢桁架、托架梁、防风架、钢漏斗
2	钢吊车梁、制动梁、型钢檩条、钢支撑、上下挡、钢拉杆栏杆、钢盖板、垃圾出灰门、倒灰门、蓖子、爬梯、零星构件平台、操作台、走道休息台、扶梯、钢吊车梯台、烟囱紧固箍
3	钢墙架、挡风架、天窗架、组合檩条、轻型屋架、滚动支架、悬挂支架、管道支架、钢门窗、钢网架、金属零星构件

◆ 思考与练习

1. 如图 3-22 所示为单层框架结构，用 M5 混合砂浆和加气混凝土块砌筑砖墙，厚度为 240 mm，压顶断面为 240 mm×60 mm，框架柱断面为 240 mm×240 mm，框架梁截面为 240 mm×500 mm，门窗洞口上均采用现浇钢筋混凝土过梁，断面为 240 mm×180 mm，M1：1 560 mm×2 700 mm，M2：1 000 mm×2 700 mm，C1：1 800 mm×1 800 mm，C2：1 560 mm×1 800 mm。计算墙体的工程量。

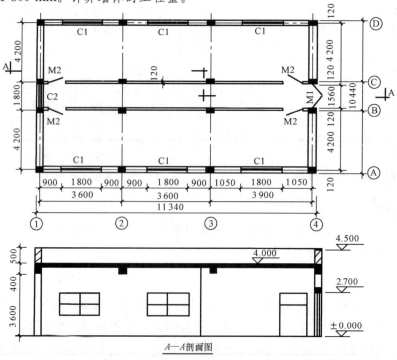

图 3-22　某单层框架结构图

2. 计算图 3-23 所示条形基础混凝土的工程量。

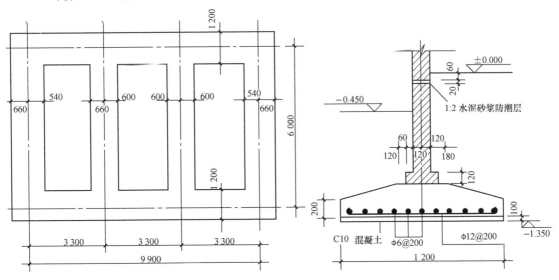

图 3-23 某条形基础结构图

3. 计算图 3-24 所示钢屋架的工程量。

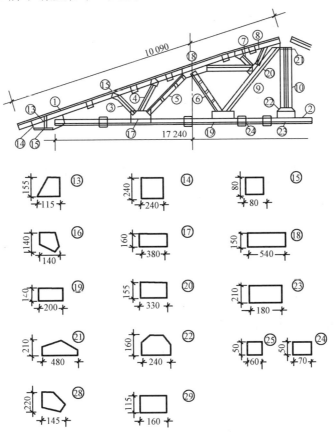

图 3-24 某钢屋架结构图

第四章 屋面工程项目

屋面是房屋最上部起覆盖作用的外围构件，用来抵抗风雨的侵袭等自然灾害的影响，屋面的作用主要是防水、保温、隔热。屋面按照外形的不同可分为坡屋面、平屋面、曲面屋面。坡屋面是指坡度在 10％以上的屋顶；平屋面是指坡度在 10％以下的屋顶。具体内容见表 4-1。

表 4-1 屋面工程造价类型一览表

序号	做 法		说 明
1	瓦、型材屋面		一般用于坡屋面，包括单坡、双坡、四坡等
2	防水防潮	屋面防水	平屋面 包括卷材防水、涂膜防水等
3		卫生间防水	卫生间 包括卷材防水、涂膜防水等
4		墙基防潮	墙身 一般为水泥砂浆
5	保温隔热	屋面保温	平屋面保温
6		墙面保温	外墙面保温
7		屋面隔热	平屋面做隔热板

第一节 瓦、型材屋面工程工程量计算

本节计算的项目主要为瓦屋面、型材屋面。

一、概述

坡屋面构造与平屋面有很大区别，构造层次由屋顶天棚、承重结构层和屋面面层组成。屋面面层一般采用挂瓦形式和彩钢瓦屋面。瓦屋面类型划分见表 4-2。

表 4-2 瓦屋面类型一览表

序号	类 型	说 明
1	西式陶瓦	陶瓦是以黏土为材料，加入粉碎的沉积页岩高温煅烧而成的。华东、华南、华北等发达地区，欧式别墅屡见不鲜，与之相配套就是欧式瓦——陶瓦

序号	类 型	说 明
2	水泥彩瓦	波形瓦是一种圆弧拱波形瓦，瓦与瓦之间配合紧密，对称性好，上下层瓦面不仅可以直线铺盖，也可以交错铺盖。由于波形不高，不仅可用屋顶作面瓦，还可用于接近 90°的墙面作装饰，风格别致。波形瓦又可分为小波瓦(如日式平瓦)、中波瓦(如西班牙瓦)、大波瓦(大波轮瓦)。中波 S 形瓦在欧洲叫西班牙瓦，其拱波很大，截面量标准 S 形，盖于屋面较远观赏，波形也很清晰，立体感远强于波形瓦
		平板瓦近十年来在美国最为流行，是沥青瓦的更新换代产品。它多彩平整，远看和沥青瓦的效果一样，近看则更显立体感和艺术性，与沥青瓦相比，它坚固厚重，不怕大风吹，不惧冰雹打，永不老化
3	中式瓦(仿古建筑用瓦)	小青瓦在北方地区又叫阴阳瓦，在南方地区叫蝴蝶瓦、阴阳瓦，俗称布瓦，是一种弧形瓦。规格有 30×24、24×20、20×18 等。是修建楼台、宫殿榭坊、亭廊以及各种园林建筑的高档古建材料
		流光溢彩的琉璃瓦是汉族传统建筑物件，通常施以金黄、翠绿、碧蓝等彩色铅釉，因材料坚固、色彩鲜艳、釉色光润，一直是建筑陶瓷材料中的骄子
		黏土筒瓦用于大型庙宇、宫殿的窄瓦片，制作时为筒装，成坯为半，经烧制成瓦。一般以黏土为材料

二、瓦、型材屋面工程综合技能案例

1. 计算规则

(1)瓦屋面、型材屋面(彩钢板、波纹瓦)按图 4-1 所示尺寸的水平投影面积乘以屋面坡度系数(表 4-3)的斜面积计算，曲屋面按设计图示尺寸的展开面积计算。不扣除房上烟囱、风帽底座、风道、屋面小气窗、斜沟等所占面积，屋面小气窗的出檐部分亦不增加。

(2)瓦脊按设计图示尺寸以延长米计算。

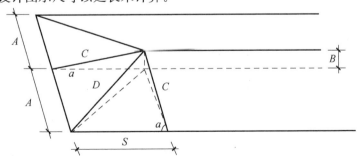

图 4-1 屋面示意图

注：1. 两坡、四坡排水屋面面积为屋面水平投影面积乘以延尺系数 C。

2. 四坡排水屋面斜脊长度＝$A \times D$(当 $S = A$ 时)。

3. 沿山墙泛水长度＝$A \times C$。

表 4-3　屋面坡度系数表

坡度 $B(A=1)$	坡度 $B/2A$	坡度角度 α	延尺系数 $C(A=1)$	隅延尺系数 $D(A=1)$
1.000	1/2	45°	1.414 2	1.732 1
0.750		36°52′	1.250 0	1.600 8
0.700		35°	1.220 7	1.577 9
0.666	1/3	33°40′	1.201 5	1.562 0
0.650		33°01′	1.192 6	1.556 4
0.600		30°58′	1.166 2	1.536 2
0.577		30°	1.154 7	1.527 0
0.550		28°49′	1.141 3	1.517 0
0.500	1/4	26°34′	1.118 0	1.500 0
0.450		24°14′	1.096 6	1.483 9
0.400	1/5	21°48′	1.077 0	1.469 7
0.350		19°17′	1.059 4	1.456 9
0.300		16°42′	1.044 0	1.445 7
0.250		14°02′	1.030 8	1.436 2
0.200	1/10	11°19′	1.019 8	1.428 3
0.150		8°32′	1.011 2	1.422 1
0.125		7°8′	1.007 8	1.419 1
0.100	1/20	5°42′	1.005 0	1.417 7
0.083		4°45′	1.003 0	1.416 6
0.066	1/30	3°49′	1.002 2	1.415 7

2. 有关说明

各种瓦屋面的瓦规格与定额不同时，瓦的数量可以换算，但人工、其他材料及机械台班数量不变。

【例 4-1】　某四坡屋面如图 4-2 所示，铺西班牙瓦，设计屋面坡度为 0.5（$\theta=26°34′$），坡度比例为 1/4。试利用坡度系数计算：(1)屋面斜面积；(2)斜脊长度。

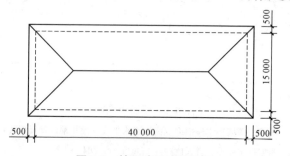

图 4-2　某四坡屋面平面图

【解】 屋面斜面积：$(40+1) \times (15+1) \times 1.118 = 733.41 (m^2)$

套用 13 定额：A7-25

斜脊长度：$16/2 \times 1.5 \times 4 = 48 (m)$

套用 13 定额：A7-27

第二节 防水、防潮工程工程量计算

本节计算的项目主要为屋面防水、卫生间防水、墙基防潮。

一、概述

在建筑中主要的防水位置为屋面和卫生间，根据材料和施工工艺的不同，又可以分为卷材防水和涂膜防水。卷材防水具体使用的材料有三大类，一类是聚合物改性沥青防水卷材；一类是合成分子防水卷材；一类是石油沥青玛蹄脂卷材。而刚性屋面在新施工规范中规定不可以用作防水，只能作为保护材料。涂膜防水所用的材料主要有两类，一类是高聚物改性沥青防水涂料；一类是合成分子防水涂料。所用材料具体见表4-4。

表 4-4 防水类型及用材一览表

序号	分 类	说 明
1	屋面防水	卷材防水，包括 SBS 改性沥青卷材、APP 改性沥青卷材、沥青复合胎卷材；三元乙丙橡胶高分子卷材、氯化聚乙烯高分子卷材、氯化聚乙烯—橡胶共混高分子卷材
		涂膜防水，包括氯丁橡胶改性沥青防水涂料、再生橡胶改性沥青防水涂料；聚合物水泥防水涂料(JS 防水涂料)、聚氨酯、氯丁胶乳
2	地下室和卫生间防水	卷材防水，所用材料同屋面防水材料
		涂膜防水，所用材料同屋面防水材料

注：J指聚合物，S指水泥。故 JS 就是聚合物水泥防水涂料，所以又称 JS 防水涂料("JS"为"聚合物水泥"的拼音字头)，是一种以聚丙烯酸酯乳液、乙烯—醋酸乙烯酯共聚乳液等聚合物乳液与各种添加剂组成的有机液料，以及水泥、石英砂、轻重质碳酸钙等无机填料及各种添加剂所组成的无机粉料通过合理配比、复合制成的一种双组分、水性建筑防水涂料。

二、防水、防潮工程综合技能案例

(一)屋面防水工程量计算

1. 计算规则

(1)卷材屋面按设计图示尺寸的面积计算。平屋顶按水平投影面积计算，斜屋顶(不包括平屋顶找坡)按斜面积计算,曲屋面按展开面积计算。不扣除房上烟囱、风帽底座、风道、屋面小气窗和斜沟所占的面积,屋面的女儿墙、伸缩缝和天窗等处的弯起部分,并入屋面工程量内。如图纸无规定时,伸缩缝、女儿墙的弯起部分可按 250 mm 计算,天窗、房上烟囱、屋顶梯间弯起部分可按 300 mm 计算。

(2)涂膜屋面的工程量计算同卷材屋面。涂膜屋面的油膏嵌缝、玻璃布盖缝、屋面分格缝按图示尺寸以延长米计算。

(3)屋面刚性防水按设计图示尺寸以平方米计算,不扣除房上烟囱、风帽底座等所占面积。

(4)建筑物地下室防水层,按设计图示尺寸以平方米计算,但不扣除 0.3 m² 以内的孔洞面积。平面与立面交接处的防水层,其上卷高度超过 300 mm 时,按立面防水层计算。

2. 有关说明

(1)卷材屋面的附加层、接缝、收头已包含在定额内,不另计算;定额中如已含冷底子油的,不得重复计算。

(2)卷材防水子目是按常用卷材编制的,若施工工艺相同,但设计卷材的品种、厚度与定额不同时,卷材可以换算,其他不变。

【例 4-2】 如图 4-3 所示,某建筑物的轴线尺寸为 54 000 mm×12 000 mm,墙厚240 mm,四周有女儿墙,无挑檐。屋面做法:1:8 水泥珍珠岩保温层,最薄处 30 mm,屋面坡度 $i=2\%$,1:3 水泥砂浆找平层 15 厚,刷冷底子油一道,改性沥青防水层满铺一层,弯起 250 mm,计算该屋面防水工程量。

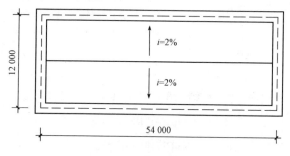

图 4-3 某平屋面图

【解】 水平:$(54-0.24)\times(12-0.24)=632.22(\text{m}^2)$

泛水:$(54-0.24+12-0.24)\times2\times0.25=32.76(\text{m}^2)$

汇总:工程量$=632.22+32.76=664.98(\text{m}^2)$

套用 13 定额:A7—47

(二)卫生间及地下室防水工程量计算

1. 计算规则

建筑物地面防水、防潮层,按主墙间净空面积计算,扣除凸出地面的构筑物、设备基础等所占的面积,不扣除间壁墙及单个 0.3 m² 以内柱、垛、烟囱和孔洞所占面积。不另计算与墙面连接处上卷高度在 300 mm 以内者按展开面积计算，并入平面工程量内，超过 300 mm时，按立面防水层计算。

构筑物及建筑物地下室防水层，按设计图示尺寸以平方米计算，但不扣除 0.3 m² 以内的孔洞面积。平面与立面交接处的防水层，其上卷高度超过 300 mm 时，按立面防水层计算。

2. 有关说明

(1)墙和地面防水、防潮工程适用于楼地面、墙基、墙身、构筑物、水池、水塔及室内厕所、浴室及建筑物±0.000 以下的防水、防潮等。

(2)防水卷材的附加层、接缝、收头和油毡卷材防水的冷底子油等人工材料均已计入定额内。

【例 4-3】 如图 4-4 所示，试计算二毡三油玛琋脂卷材地面防水工程量。

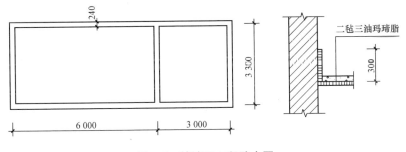

图 4-4　某地面工程防水图

【解】 水平：$(6-0.24)\times(3.3-0.24)+(3-0.24)\times(3.3-0.24)=26.07(m^2)$

泛水：$(6-0.24+3.3-0.24)\times2\times0.3+(3-0.24+3.3-0.24)\times2\times0.3=8.78(m^2)$

汇总：工程量$=26.07+8.78=34.85(m^2)$

套用 13 定额：A7—112

(三)墙基防潮工程量计算

1. 计算规则

建筑物墙基防水、防潮层：外墙长度按中心线，内墙按净长乘以宽度以平方米计算。

2. 有关说明

墙和地面防水、防潮工程适用于楼地面、墙基、墙身、构筑物、水池、水塔及室内厕所、浴室及建筑物±0.000 以下的防水、防潮等。

【例 4-4】 如图 4-5 所示，墙厚 240 mm，采用 1：2 水泥砂浆防潮，计算墙基防潮工程量。

【解】 外墙基长：$(9.3+6.3)\times2=31.20(m)$

内墙基长：$(4.2-0.24)\times2=7.92(m)$

工程量$=(31.2+7.92)\times0.24=9.39(m^2)$

套用 13 定额：A7—176

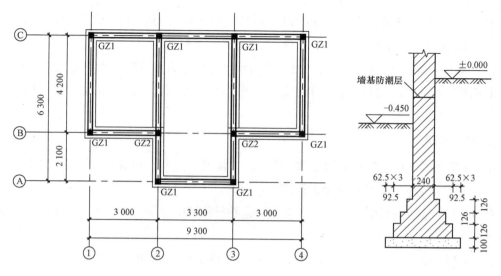

图 4-5　某墙基防潮平面图及剖面示意图

（四）变形缝工程量计算

1. 计算规则

各种变形缝按设计图示尺寸以延长米计算。

2. 有关说明

变形缝填缝：建筑油膏、聚氯乙烯胶泥断面取定为 30 mm×20 mm；油浸木丝板取定为 25 mm×150 mm；紫铜板止水带为 2 mm 厚，展开宽 450 mm；钢板止水带为 3 mm 厚，展开宽 420 mm；氯丁橡胶宽 300 mm，涂刷式氯丁胶贴玻璃止水片宽 350 mm。其余均为 30 mm×150 mm。如设计断面不同时，用料可以换算，人工不变。盖缝面层材料用量如设计与定额规定不同时，可以换算，其他不变。

第三节　保温、隔热工程工程量计算

本节计算的项目主要为屋面保温、墙面保温、屋面隔热。

一、概述

我国南方地区由于炎热季节多，为了防止热量通过围护结构传入室内，致使室内温度升高，影响工作和生活环境。所以，在围护结构上下或内外设置保温层，就是为了防止建筑内部在寒冷季节热量散失太快，在炎热季节减少传入室内的热量，从而降低温度。这种阻止热量的传入或者防止热量的散失，所采取的措施就是保温、隔热工程，保温、隔热材料主要设置在屋面、墙体、楼地面位置。保温、隔热材料分类见表 4-5。

表 4-5 保温、隔热材料分类一览表

序号	所用材料	说　　明
1	矿渣棉及岩棉	矿渣棉是利用工业废料矿渣(高炉矿渣或铜矿渣、铝矿渣等)为主要原料,经熔化、采用高速离心法或喷吹法等工艺制成的棉丝状无机纤维。岩棉产品均采用优质玄武岩、白云石等为主要原材料,经1 450 ℃以上高温溶化后采用国际先进的四轴离心机高速离心成纤维,同时喷入一定量胶粘剂、防尘油、憎水剂后经集棉机收集、通过摆锤法工艺,加上三维法铺棉后进行固化、切割,形成不同规格和用途的岩棉产品
2	珍珠岩	珍珠岩是一种火山喷发的酸性熔岩,经急剧冷却而成的玻璃质岩石,因其具有珍珠裂隙结构而得名。珍珠岩板是以膨胀珍珠岩散料为骨料,加入防水剂和胶粘剂进行配制、筛选、加压成型、烘干等工序制成的隔热防水保温板
3	加气混凝土	加气混凝土是以硅质材料(砂、粉煤灰及含硅尾矿等)和钙质材料(石灰、水泥)为主要原料,掺加发气剂(铝粉),通过配料、搅拌、浇筑、预养、切割、蒸压、养护等工艺过程制成的轻质多孔硅酸盐制品。因其经发气后含有大量均匀而细小的气孔,故名加气混凝土
4	聚氨酯硬泡保温复合板	聚氨酯硬泡保温复合板是指在工厂的专业生产线上生产的、以聚氨酯硬泡为芯材、两面覆以某种非装饰面层的复合板材
5	软木	软木俗称木栓、栓皮。相对密度小、导热系数低、密封性好、回弹性强、无毒无臭、不易燃烧、耐腐蚀不霉变,并具有一定的耐强酸、耐强碱、耐油等性能,是良好的保温、隔热材料
6	聚苯乙烯板	聚苯乙烯板又名泡沫板,是由含有挥发性液体发泡剂的可发性聚苯乙烯珠粒,经加热预发后在模具中加热成型的白色物体,其有微细闭孔的结构特点,主要用于建筑墙体、屋面保温,复合板保温。其可分为模塑聚苯板(EPS)和挤塑聚苯板(XPS)

二、保温、隔热工程综合技能案例

(一)屋面保温、隔热工程量计算

1. 计算规则

屋面保温、隔热层,按设计图示尺寸以面积计算,扣除 0.3 m² 以上的孔洞所占面积。

2. 有关说明

聚氨酯硬泡屋面保温定额不包括抗裂砂浆网格布保护层,如设计与定额不同时,套用相应子目另行计算。

聚氨酯硬泡外墙外保温和不上人屋面子目中的聚氨酯硬泡按 35 kg/m³ 编制,上人屋面子目按 45 kg/m³ 编制,如设计规定与定额不同,应进行换算。

【例 4-5】 如图 4-6 所示,某建筑物的轴线尺寸为 54 000 mm×12 000 mm,墙厚240 mm,四

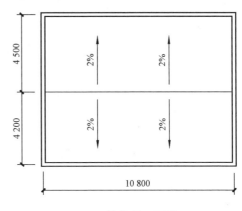

图 4-6　某屋顶平面图

周有女儿墙，无挑檐。屋面做法：1∶8水泥珍珠岩保温层，最薄处30 mm，屋面坡度i= 2%，1∶3水泥砂浆找平层15厚，刷冷底子油一道，改性沥青防水层满铺一层，弯起250 mm，计算该工程屋面保温工程量。

【解】 屋面面积：$(10.8-0.24)×(8.7-0.24)=89.34(m^2)$

分水线上区面积：$(10.8-0.24)×(4.5-0.12)=46.25(m^2)$

分水线上区厚度：$30+(4500-120)×2\%/2=73.80(mm)$

分水线下区面积：$(10.8-0.24)×(4.2-0.12)=43.08(m^2)$

分水线下区厚度：$30+(4200-120)×2\%/2=70.80(mm)$

求加权平均厚度：$\dfrac{46.25×73.8+43.08×70.8}{46.25+43.08}=72.35(mm)$

套用13定额：A8—6 和 扣除A8—7子目×2

单坡公式：
$$\bar{h}=\delta+\frac{b}{2}i$$

式中 $\bar{h}$——保温层计算厚度(mm)；

δ——保温层最薄处厚度(mm)；

b——屋面计算跨度(mm)；

i——坡度系数。

如果是异形多坡，可以采用对面积的加权平均值计算厚度。

(二)墙、柱地面保温工程量计算

1. 计算规则

墙体保温、隔热层按设计图示尺寸以面积计算，扣除门窗洞口及0.3 m² 以上的孔洞所占面积；门窗洞口侧壁以及与墙相连的柱，并入保温墙体工程量内。

(1)墙体保温、隔热层长度：外墙按保温隔热层中心线长度计算，内墙按保温隔热层净长计算。

(2)墙体保温、隔热层高度：按设计图示尺寸计算。

柱按设计图示柱断面保温层中心线展开长度乘以保温层高度以面积计算，扣除0.3 m²以上梁所占面积。梁按设计图示梁断面保温层中心线展开长度乘以保温层长度以面积计算。

楼地面隔热层按设计图示尺寸以面积计算，扣除0.3 m² 以上的柱、垛、孔洞等所占面积，门洞、空圈、暖气包槽、壁龛的开口部分不增加。

2. 有关说明

(1)保温、隔热层的厚度按隔热材料(不包括胶结材料)净厚度计算。定额中，除有厚度增减子目外，保温、隔热材料厚度与设计不同时，材料可以换算，其他不变。

(2)若定额中无相应外墙内保温子目，外墙内保温套用相应的外墙外保温子目，人工费乘以系数0.8，其余不变。若定额中无相应柱保温子目，柱保温可套用相应的墙体保温子目，人工费乘以系数1.5，其余不变。外墙保温腰线、门窗套、挑檐等零星项目的人工费乘以系数2，其他不变。墙面保温定额中的玻璃纤维网格布，若设计层数与定额不同时，按相应定额调整。保温定额中已考虑正常施工搭接及阴阳角重叠搭接。

（3）楼地面保温、隔热无子目的，可套用相应的屋面保温、隔热子目。

【例 4-6】 某工程外墙面如图 4-7 所示，门窗表见表 4-6。采用膨胀玻化微珠厚 30 mm 外墙外保温，计算其工程量。

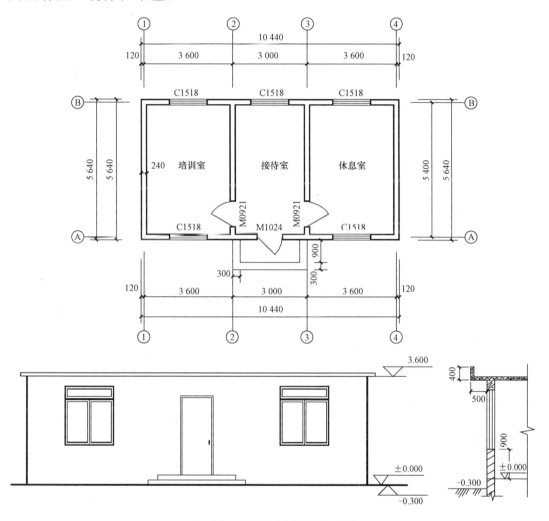

图 4-7 某建筑平面图与立面图

【解】 外墙面积：$(10.44+5.64) \times 2 \times (3.6+0.3) = 125.42(\mathrm{m}^2)$

扣 M1024：$-1.0 \times 2.4 = -2.40(\mathrm{m}^2)$

扣 C1518＝5：$-1.5 \times 1.8 \times 5 = -13.50(\mathrm{m}^2)$

扣台阶：$-(3 \times 0.15 + 2.4 \times 0.15) = -0.81(\mathrm{m}^2)$

加 M1024 侧壁：$(1+2.4 \times 2) \times (0.24-0.1) = 0.81(\mathrm{m}^2)$

加 C1518＝5 侧壁：$(1+1.5) \times 2 \times (0.24-0.09)/2 = 0.38(\mathrm{m}^2)$

汇总：工程量＝$125.42-2.40-13.50-0.81+0.81+0.38 = 109.90(\mathrm{m}^2)$

套用 13 定额：A8—69

表4-6 门窗表

类型	设计编号	洞口尺寸/mm	数量	图集名称	选用型号	备注
门	M0921	1 000×2 100	2			门框厚100 mm，外门平内皮内门平开启方向
	M1024	1 000×2 400	1			
窗	C1518	1 500×1 800	5		90系列	带亮铝合金推拉窗，立樘居中

思考与练习

1. 计算图4-8所示卷材防水的工程量。

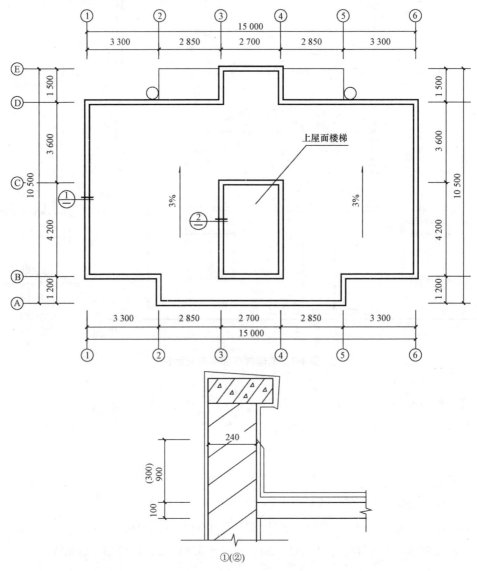

图4-8 某建筑屋面图与详图

2. 计算图 4-9 所示层面保温工程量，最薄处 30 mm 厚。

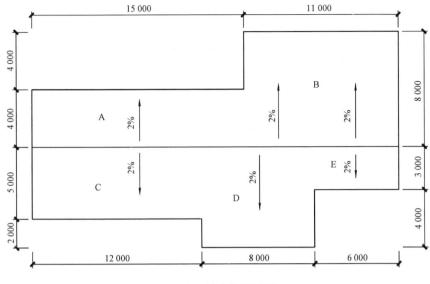

图 4-9 某建筑屋面图

第五章　装饰装修工程项目

装饰装修工程项目一般是指外装修和内装修。外装修指外墙面和门头位置的装修；内装修一般指地、顶、墙、踢四个方面。除此之外还有门窗工程。内装修造价类型见表 5-1。

表 5-1　内装修造价类型一览表

序号	分　类	说　明
1	楼地面工程	房间面层、楼梯面层、台阶面层、零星面层、踢脚线
2	墙柱面工程	抹灰(涂料、裱糊)、块料面层、饰面面层、隔断
3	天棚工程	直接式(楼梯底板抹灰)、吊顶式
4	门窗工程	木门、金属门、卷帘门、防火门、自动门、伸缩门、全玻门木窗、金属窗
5	其他工程	装饰线条、楼梯扶手栏杆

第一节　楼地面工程工程量计算

本节计算的项目主要为整体面层、块料面层、楼梯面层、台阶面层、零星面层、踢脚面层。

一、概述

楼地面是底层地面和楼层地面的总称，楼地面有承受上部荷载、装饰房间等作用，一般由面层、结合层(找平层)、防水(潮)层、垫层组成。楼地面造价分类见表 5-2。

表 5-2　楼地面造价分类一览表

序号	位置关系	说　明
1	房间面层	按照材料做法分为整体面层(水泥砂浆、现浇水磨石等)、块料面层(瓷砖、
2	楼梯面层	石材、塑料、橡胶、玻璃地面、地毯、木地面)、其他面层(聚氨酯弹性安全地
3	台阶面层	砖、球场地面)
4	零星面层	适用于台阶侧面、小便池、蹲位、池槽以及单个面积在 0.5 m² 以内且定额未列的少量分散的楼地面工程(主要是卫生间位置)
5	踢脚线	加门侧壁面积

二、楼地面综合技能案例

(一)房间面层工程量计算

1. 计算规则

(1)整体面层均按设计图示尺寸以平方米计算,扣除凸出地面的构筑物、设备基础、室内管道、地沟等所占面积,不扣除间壁墙、单个 0.3 m² 以内的柱、垛、附墙烟囱及孔洞所占面积,门洞、暖气包槽、壁龛的开口部分不增加面积。

(2)瓷砖、石材按设计图示尺寸以平方米计算。门洞、空圈、暖气包槽、壁龛的开口部分并入相应的工程量内。橡胶、塑料、地毯、竹木地板、防静电活动地板、金属复合地板面层、地面(地台)龙骨按设计图示尺寸以平方米计算。门洞、暖气包槽、壁龛的开口部分并入相应的工程量内。

(3)踢脚线按设计图示尺寸以平方米计算。

2. 有关说明

楼梯踢脚线按踢脚线子目乘以系数 1.15;弧形踢脚线子目仅适用于使用弧形块料的踢脚线。

【例 5-1】 如图 5-1 所示,地面做法详见中南图集 11ZJ001 第 25 页地(楼)202,瓷砖规格为 600 mm×600 mm,门框厚度为 100 mm,立樘位置为外门平外墙内皮,内门平开启方向;窗为 90 系列铝合金推拉窗,立樘位置居中,踢脚线高 200 mm 用同种材质的地砖铺贴,层高 3 m,板厚 100 mm,墙厚均为 240 mm。计算其工程量。

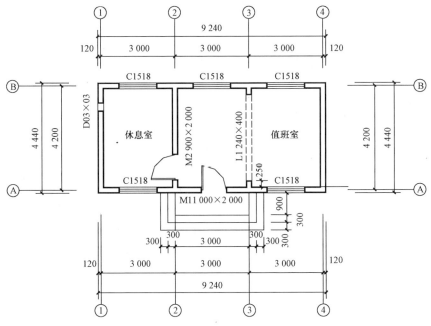

图 5-1 某建筑一层平面图

【解】 地砖工程量：

休息室：$(3-0.24) \times (4.2-0.24) = 10.93(m^2)$

值班室：$(6-0.24) \times (4.2-0.24) = 22.81(m^2)$

扣柱垛＝2：$-0.24 \times 0.25 \times 2 = -0.12(m^2)$

加门侧 M2：$0.9 \times (0.24-0.1) = 0.13(m^2)$

汇总：工程量＝$10.93+22.81-0.12+0.13 = 33.75(m^2)$

套用 13 定额：A9－83

踢脚线工程量：

休息室：$(3-0.24+4.2-0.24) \times 2 \times 0.2 = 2.69(m^2)$

扣门 M2：$-0.9 \times 0.2 = -0.18(m^2)$

值班室：$(6-0.24+4.2-0.24) \times 2 \times 0.2 = 3.89(m^2)$

扣门 M2：$-0.9 \times 0.2 = -0.18(m^2)$　M1：$-1 \times 0.2 = -0.20(m^2)$

加柱垛侧＝2：$0.25 \times 0.2 \times 2 \times 2 = 0.20(m^2)$

加门侧 M2：$2 \times (0.24-0.1) \times 0.2 = 0.06(m^2)$

汇总：工程量＝$2.69-0.18+3.89-0.18-0.2+0.2+0.06 = 6.28(m^2)$

套用 13 定额：A9－99

(二)楼梯面层工程量计算

1. 计算规则

(1)楼梯面层按楼梯(包括踏步、休息平台以及小于 500 mm 宽的楼梯井)水平投影面积以平方米计算。楼梯与楼地面相连时，算至梯口梁外侧边沿；无梯口梁者，算至最上一层踏步边沿加 300 mm。

(2)楼梯不满铺地毯子目按实铺面积以平方米计算。

2. 有关说明

(1)楼梯面层不包括防滑条、踢脚线及板底抹灰，防滑条、踢脚线、板底抹灰另按相应定额子目计算。

(2)弧形、螺旋形楼梯面层，按普通楼梯子目人工、块料及石料切割锯片、石料切割机械乘以系数 1.2 计算。

【例 5-2】 某楼梯平面图如图 3-17 所示，墙厚 200 mm，梯梁宽为 200 mm，楼梯板厚为 100 mm(不考虑防滑条)，计算该楼梯的瓷砖面层装修工程量。

【解】 工程量＝$(0.24+3.3+1.5-0.1+0.2) \times (5.4-0.2) = 26.73(m^2)$

套用 13 定额：A9－96

(三)台阶面层工程量计算

1. 计算规则

台阶面层(包括踏步及最上一层踏步边沿加 300 mm)按水平投影面积以平方米计算。

2. 有关说明

台阶面层子目不包括牵边、侧面装饰及防滑条。

【例 5-3】 某花岗石台阶平面图如图 5 1 所示,计算该台阶的面层工程量。

【解】 工程量=4.2×1.5-(3-0.3)×(0.9-0.3)=4.68(m²)

套用 13 定额:A9-54

第二节　墙、柱面工程工程量计算

本节计算的项目主要为墙柱面抹灰及涂料、墙柱面块料、墙柱面饰面。

一、概述

墙、柱面装饰主要做法有六种,即抹灰、涂料、裱糊、块料、立筋、织物。其中抹灰可分为一般抹灰(混合砂浆、水泥砂浆等)和装饰抹灰(水刷石、干粘石、剁假石、水磨石);涂料按照位置可分为外墙和内墙涂料;裱糊是指各种装饰性的墙纸和墙布,如 PVC 塑料墙纸、金属面墙纸、纺织物面墙纸、天然木纹面墙纸;块料是指石材(大理石、花岗石、丰包石、文化石等)、通体砖、釉面砖、马赛克等。瓷砖是常见的装饰材料,具体适用范围见表 5-3。

表 5-3　瓷砖分类和适用范围一览表

序号	名　称	特　点	适用范围
1	通体砖	通体砖表面不上釉,而且正面和反面的材质和色泽一致,因此得名。通体砖比较耐磨,但其花色比不上釉面砖。通体墙面砖多为长条形,使用时应横向粘贴,给人以稳重踏实的感觉,有 45 mm×95 mm、45 mm×195 mm、50 mm×100 mm、50 mm×150 mm、50 mm×200 mm、60 mm×240 mm 等多种规格,厚度一般为 6～8 mm,可以根据需要选择	其多为单一颜色,主要用于阳台墙面和外墙面的装修,通体外墙砖一般表面粗糙,装饰效果古香古色、高雅别致、纯朴自然
2	釉面砖	釉面砖是指砖的表面经过烧釉处理的砖。一般来说,釉面砖比抛光砖色彩和图案丰富,同时起到防污的作用。但因为釉面砖表面是釉料,所以耐磨性不如抛光砖。按原材料可分为陶制釉面砖和瓷制釉面砖。按光泽不同,又可分为亚光和亮光两种	厨房应选用亮光釉面砖,不宜选用亚光釉面砖,因油渍进入砖面之中,很难清理。釉面砖还适用于卫生间、阳台等
3	马赛克	马赛克是一种特殊的砖,一般由数十块小块的砖组成的一个相对的大砖,可分为玻璃马赛克、大理石马赛克、陶瓷马赛克,由于马赛克其单颗的单位面积小,色彩种类繁多,具有无穷的组合方式	被广泛应用于宾馆、酒店、酒吧、车站、游泳池、娱乐场所、居家墙地面以及艺术拼花等

立筋墙面指利用天然木板或各种人造薄板借助于钉、胶等固定方式对墙面进行的装修处理。由于它不需要对墙面进行抹灰，所用材料质感细腻、美观大方、装饰效果好，给人以亲切的感觉。一般多用于宾馆、大型公共建筑大厅、商场等墙面。它由骨架和面板组成，骨架材料一般为木龙骨和金属龙骨；面板材料为玻璃、铝合金装饰板、不锈钢板、铝塑板、石膏板、塑料板等。

隔墙一般分为板材式隔墙和骨架式隔墙。具体分类见表5-4。

表5-4　隔墙分类和适用范围一览表

序号	名　称	材　料	特　点
1	板材式隔墙	增强石膏板	以建筑石膏为主要原料，掺加适量轻质填充料或纤维材料后加工而成的一种空心板材。这种板材不用纸和胶粘剂，安装时不用龙骨，是发展比较快的一种轻质板材。主要用于内墙和隔墙
		泰柏板	选用强化钢丝焊接而成的三维笼为构架，阻燃EPS泡沫塑料芯材组成，是目前取代轻质墙体最理想的材料，是以阻燃聚苯泡沫板，或岩棉板为板芯，两侧配以直径为2 mm冷拔钢丝网片，钢丝网目50 mm×50 mm，腹丝斜插过芯板焊接而成。主要用于建筑的围护外墙、轻质内隔断等
		GRC空心隔板	以耐碱玻璃纤维为增强材料，以低碱度高强水泥砂浆为胶结材料，以轻质无机复合材料为骨料，GRC构件薄，高耐伸缩性、抗冲击性能好，碱度低，自由膨胀率小防裂性能可靠，质量稳定，防潮、保温、不燃、隔声、可锯、可钻、可钉、可刨、可凿、墙面平整施工简便、避免了湿作业，改善施工环境，节省土地资源
		菱镁板（别名：防火板、玻镁板、轻钙板、镁矿板、硅酸钙板）	以不燃材料氯氧镁、氧化镁、耐碱玻纤布、木屑等为主要材料，用特殊生产工艺经全套自动化流水线设备加工而成。具有环保、无味、无毒、不燃无烟、高强质轻、隔声保温、防水防火、不冻不腐、胀缩率极微而不裂、不变形等多项优点
2	骨架式隔墙	木筋骨架隔墙	在隔墙龙骨两侧安装面板以形成的轻质隔墙。骨架分别由上槛、下槛、竖筋、横筋（又称横档）、斜撑等组成。竖筋的间距取决于所用材料的规格，再用同样的断面的材料在竖筋间沿高度方向，按板材规格而设定横筋，两端撑紧、钉牢，以增加稳定性。面层材料常见的有纤维板、纸面石膏板、胶合板、钙塑板、塑铝板、纤维水泥板等轻质薄板。面板和骨架的固定方法，可根据不同材料，采用钉子、膨胀螺栓、铆钉、自攻螺丝或金属夹子等
		金属骨架隔墙（轻钢、铝合金、型钢龙骨）	

墙柱面工程划分见表 5-5。

表 5-5 墙柱面工程造价分类一览表

序号	分 类	说 明
1	整体墙面装饰	抹灰及涂料、裱糊
		块料材料
		饰面材料
2	零星墙面装饰	抹灰及涂料线条
		零星抹灰
		零星块料
3	隔断装饰	包含铝合金隔断、木隔断、塑钢隔断、空透式玻璃隔断(玻璃嵌入在木骨架或金属框中)、玻璃砖隔断、成品隔断

注：1. 墙、柱面一般抹灰、装饰抹灰子目已包括门窗洞口侧壁抹灰及水泥砂浆护角线在内。面层、木基层均未包括刷防火涂料，如设计要求时，另按相应子目计算。

2. 花岗石、大理石、丰包石、面砖块料面层均不包括阳角处的现场磨边，如设计要求磨边者按其他装饰工程相应定额执行。若石材的成品价已包括磨边，则不得再另立磨边子目计算。

3. 饰面材料型号规格如设计与定额取定不同时，可按设计规定调整，但人工、机械消耗量不变；面层、隔墙(间壁)、隔断子目内，除注明者外均未包括压条、收边、装饰线(板)，如设计要求时，应按相应子目计算。

4. 混凝土表面的一般抹灰子目已包括基层毛化处理，如与设计要求不同时，按本定额相应子目进行调整；混凝土表面的装饰抹灰、镶贴块料子目不包括界面处理和基层毛化处理，如设计要求混凝土表面涂刷界面剂或基层毛化处理时，执行相应子目。

二、墙、柱面工程综合技能案例

(一)墙面抹灰(含涂料和裱糊)工程量计算

1. 计算规则

墙面抹灰、勾缝按设计图示尺寸以平方米计算。扣除墙裙、门窗洞口、单个 0.3 m² 以外的孔洞及装饰线条、零星抹灰所占面积，不扣除踢脚线、挂镜线和墙与构件交接的面积，门窗洞口和孔洞的侧壁及顶面不增加面积。附墙柱、梁、垛、烟囱侧壁并入相应的墙面面积内。独立柱、梁面抹灰、勾缝按设计图示柱、梁的结构断面周长乘以高度(长度)以平方米计算。

(1)内墙抹灰、勾缝面积按主墙间的净长乘以高度计算。其高度确定如下：

1)无墙裙的，其高度按室内地面或楼面至天棚底面之间距离计算。

2)有墙裙的,其高度按墙裙顶至天棚底面之间距离计算。

3)有吊顶天棚的,其高度按室内地面、楼面或墙裙顶面至天棚底面计算。

(2)外墙抹灰、勾缝面积按外墙垂直投影面积计算。飘窗凸出外墙面增加的抹灰并入外墙工程量内。

(3)外墙裙抹灰面积按其长度乘以高度计算,内墙裙抹灰面积按内墙净长乘以高度计算。

(4)抹灰面分格、嵌缝按设计图示尺寸以延长米计算。

2. 有关说明

(1)抹灰子目中,如设计墙面需钉网者,钉网部分抹灰子目人工费乘以系数1.3;有吊顶天棚的内墙面抹灰,套内墙抹灰相应子目乘以系数1.036。

(2)圆弧形、锯齿形、不规则墙面抹灰、镶贴块料、饰面,按相应定额子目人工费乘以系数1.15,材料乘以系数1.05。

【例5-4】 如图5-1所示,该工程内墙采用混合砂浆1:1:6打底15 mm厚,混合砂浆1:0.5:3面层5 mm厚,面刮熟胶粉腻子两遍,外刷乳胶漆两遍;天棚为混合砂浆1:1:4打底5 mm厚,混合砂浆1:0.5:3面层5 mm厚,面刮熟胶粉腻子两遍,外刷乳胶漆两遍。计算该工程内墙面抹灰工程量。

【解】 休息室:$(3-0.24+4.2-0.24) \times 2 \times (3-0.1)=38.98(m^2)$

扣M2:$-0.9 \times 2 = -1.80(m^2)$

扣C1518=2:$-2 \times 1.5 \times 1.8 = -5.40(m^2)$

值班室:$(6-0.24+4.2-0.24) \times 2 \times (3-0.1)=56.38(m^2)$

扣M2:$-0.9 \times 2 = -1.80(m^2)$

扣M1:$-1 \times 2 = -2.00(m^2)$

扣C1518=3:$-3 \times 1.5 \times 1.8 = -8.10(m^2)$

加垛侧壁=2:$0.25 \times (3-0.1) \times 2 = 1.45(m^2)$

汇总:工程量$=38.98-1.80-5.40+56.38-1.80-2.00-8.10+1.45=77.61(m^2)$

套用13定额:A10—7   A13—204   A13—210

(二)墙面块料工程量计算

1. 计算规则

墙面按设计图示尺寸以平方米计算。

(1)镶贴块料面层高度在1 500 mm以下为墙裙。

(2)镶贴块料面层高度在300 mm以下为踢脚线。柱、梁面粘贴、干挂、挂贴子目,按设计图示结构尺寸以平方米计算。

2. 有关说明

(1)圆弧形、锯齿形、不规则墙面抹灰、镶贴块料、饰面,按相应定额子目人工费乘以系数1.15,材料费乘以系数1.05。

(2)镶贴面砖子目，面砖消耗量分别按缝宽 5 mm 以内、10 mm 以内和 20 mm 以内考虑，如不离缝、横竖缝步距不同或灰缝宽度超过 20 mm 以上者，其块料及灰缝材料(1∶1 水泥砂浆)用量允许调整，其他不变。

【例 5-5】 如图 5-1 所示，该工程内墙采用内墙砖，规格为 300 mm×400 mm；天棚为混合砂浆 1∶1∶4 打底 5 mm 厚，混合砂浆 1∶0.5∶3 面层 5 mm 厚，面刮熟胶粉腻子两遍，外刷乳胶漆两遍。计算该工程内墙面面砖工程量。

【解】 休息室：$(3-0.24+4.2-0.24)×2×(3-0.1)=38.98(m^2)$

扣 M2：$-0.9×2=-1.80(m^2)$

扣 C1518=2：$-2×1.5×1.8=-5.40(m^2)$

加窗侧壁=2：$2×(1.5+1.8)×2×(0.24-0.09)/2=1.00(m^2)$

值班室：$(6-0.24+4.2-0.24)×2×(3-0.1)=56.38(m^2)$

扣 M2：$-0.9×2=-1.80(m^2)$

扣 M1：$-1×2=-2.00(m^2)$

扣 C1518=3：$-3×1.5×1.8=-8.10(m^2)$

扣梁头=2：$-0.24×(0.4-0.1)×2=-0.14(m^2)$

加垛侧壁=2：$0.25×(3-0.1)×2=1.45(m^2)$

加门侧壁：$(0.9+2×2)×(0.24-0.1)=0.69(m^2)$

加窗侧壁=3：$3×(1.5+1.8)×2×(0.24-0.09)/2=1.49(m^2)$

汇总：工程量＝$38.98-1.80-5.40+1.00+56.38-1.80-2.00-8.10-0.14+1.45+0.69+1.49=80.75(m^2)$

套用 13 定额：A10—171

(三)墙面饰面材料工程量计算

1. 计算规则

墙面装饰(包括龙骨、基层、面层)按设计图示饰面外围尺寸以平方米计算，扣除门窗洞口及单个 $0.3 m^2$ 以外的孔洞所占面积。柱、梁面装饰按设计图示饰面外围尺寸以平方米计算。柱帽、柱墩并入相应柱饰面工程量内。

2. 有关说明

(1)圆弧形、锯齿形、不规则墙面抹灰、镶贴块料、饰面，按相应定额子目人工费乘以系数 1.15，材料费乘以系数 1.05。

(2)定额所用的型钢龙骨、轻钢龙骨、铝合金龙骨等，是按常用材料及规格组合编制的，如设计要求与定额不同时允许按设计调整，人工、机械不变。

(3)木龙骨是按双向计算的，设计为单向时，材料、人工用量乘以系数 0.55；木龙骨用于隔断、隔墙时，取消相应定额内木砖，每 100 m² 增加 0.07 m³ 一等杉方材。

(4)钢骨架干挂石板、面砖子目不包括钢骨架制作安装，钢骨架制作安装按定额相应子目计算。

【例 5-6】 如图 5-1 和图 5-2 所示，该工程外墙采用铝塑板，龙骨为轻钢 75 龙骨，台阶每阶高 150 mm，计算该工程外墙铝塑板和面砖工程量。

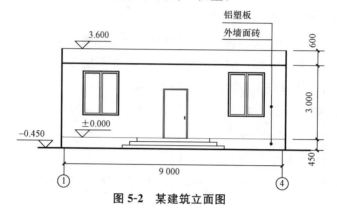

图 5-2 某建筑立面图

【解】 铝塑板：

正立面：$9.24 \times 3.6 = 33.26 (\text{m}^2)$

扣 M2：$-0.9 \times 2 = -1.80 (\text{m}^2)$

扣 C1518 = 2：$-2 \times 1.5 \times 1.8 = -5.40 (\text{m}^2)$

加窗侧壁 = 2：$2 \times (1.5 + 1.8) \times 2 \times (0.24 - 0.09)/2 = 1.00 (\text{m}^2)$

加门侧壁：$(1 + 2 \times 2) \times (0.24 - 0.1) = 0.70 (\text{m}^2)$

侧立面 = 2：$4.44 \times 3.6 \times 2 = 31.97 (\text{m}^2)$

背立面：$9.24 \times 3.6 = 33.26 (\text{m}^2)$

扣 C1518 = 3：$-3 \times 1.5 \times 1.8 = -8.10 (\text{m}^2)$

加窗侧壁 = 3：$3 \times (1.5 + 1.8) \times 2 \times (0.24 - 0.09)/2 = 1.49 (\text{m}^2)$

汇总：工程量 $= 33.26 - 2 - 5.4 + 1.00 + 0.7 + 31.97 + 33.26 - 8.1 + 1.49 = 86.16 (\text{m}^2)$

套用 13 定额：A10—236 A10—259

(四)零星墙面工程量计算

1. 计算规则

装饰线条按设计图示尺寸以延长米计算。零星项目按设计图示结构尺寸以平方米计算。

2. 有关说明

一般抹灰的装饰线条和零星项目的列项要求见表 5-6。

表 5-6 线条和零星列项要求一览表

序号	列项方法	计算方法	适用构件
1	当展开宽度不大于 300 mm	以延长米为计量单位执行装饰线条定额项目	空调搁板、雨篷周边阳台造型、腰线
2	当展开宽度大于 300 mm	以平方米为计量单位执行零星抹灰项目	窗台线、门窗套挑檐、压顶

注：飘窗凸出外墙面增加的抹灰并入外墙工程量内。

装饰抹灰和块料镶贴的"零星项目"适用于壁柜、碗柜、暖气壁龛、池槽、小型花台、挑檐、天沟、腰线、窗台线、窗台板、门窗套、压顶、扶手、栏杆、遮阳板、雨篷周边及 0.5 m² 以内少量分散的装饰抹灰及块料面层。

【例 5-7】 如图 5-3 所示，该工程外墙采用乳胶漆两遍，框架柱为 400 mm×400 mm，阳台柱到顶，阳台边梁规格为 200 mm×400 mm，空中花园上方梁规格为 200 mm×400 mm，板厚 100 mm。计算该工程一层外墙抹 20 厚 1∶3 水泥砂浆工程量。

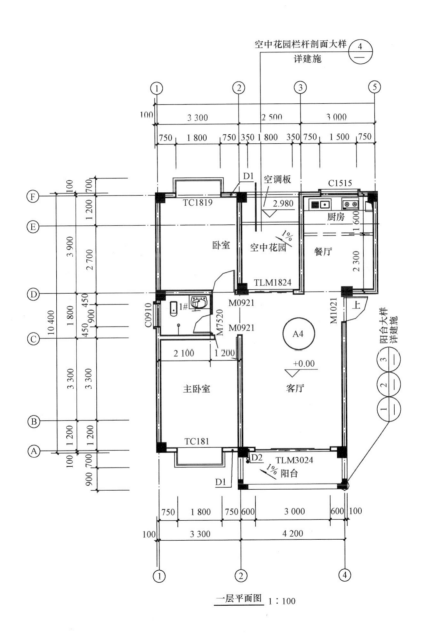

图 5-3 某建筑平面图及详图(一)

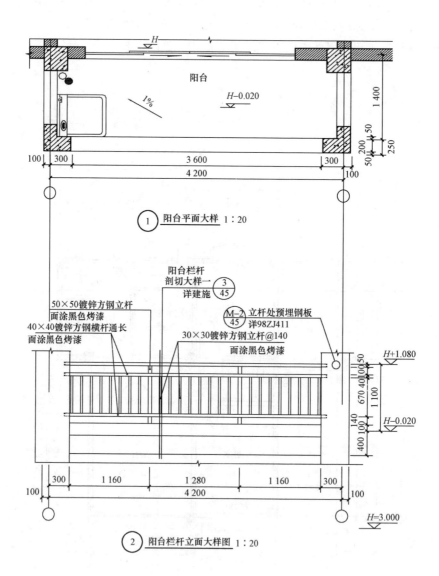

阳台

$H-0.020$

1%

H

1 400

200 50

50 250

100 300 3 600 300 100

4 200

① 阳台平面大样 1:20

50×50镀锌方钢立杆
面涂黑色烤漆
40×40镀锌方钢横杆通长
面涂黑色烤漆

阳台栏杆
剖切大样一 ③ 45
详建施

M-2 45 立杆处预埋钢板
详98ZJ411

30×30镀锌方钢立杆@140
面涂黑色烤漆

$H+1.080$

670 40 100 50

1 100

140

400 100

$H-0.020$

300 1 160 1 280 1 160 300

100 4 200 100

$H=3.000$

② 阳台栏杆立面大样图 1:20

图 5-3 某建筑平面图及详图(二)

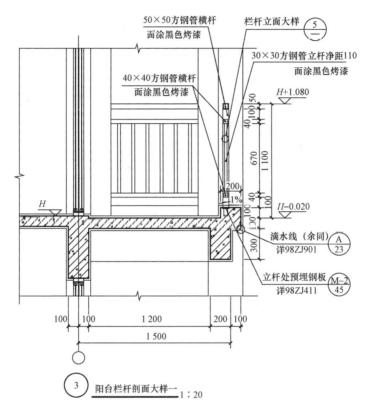

图 5-3 某建筑平面图及详图(三)

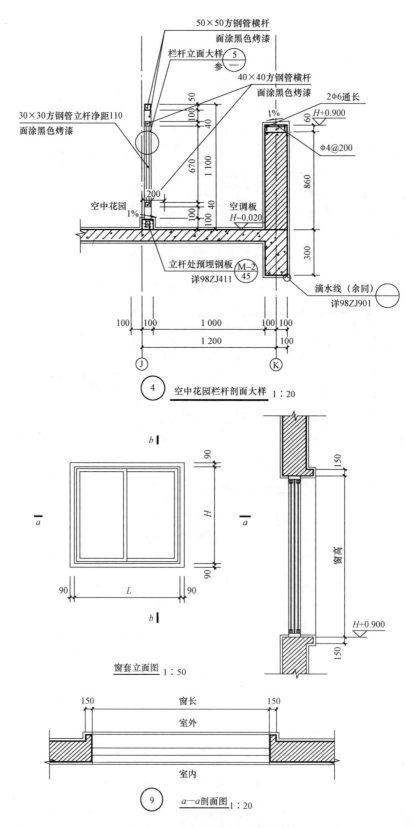

50×50方钢管横杆
面涂黑色烤漆

栏杆立面大样 ⑤
参 —

40×40方钢管横杆
面涂黑色烤漆

2Φ6通长

30×30方钢管立杆净距110
面涂黑色烤漆

H+0.900

Φ4@200

空中花园 1%

空调板
H-0.020

860

立杆处预埋钢板
详98ZJ411

M-2
45

300

滴水线（余同）
详98ZJ901

100 | 100 | 1 000 | 100 | 100
1 200 | 100

Ⓙ Ⓚ

④ 空中花园栏杆剖面大样 1:20

窗套立面图 1:50

150
150

窗高

H+0.900

150

窗套立面图 1:50

150 窗长 150
室外

室内

⑨ a—a剖面图 1:20

图5-3 某建筑平面图及详图(四)

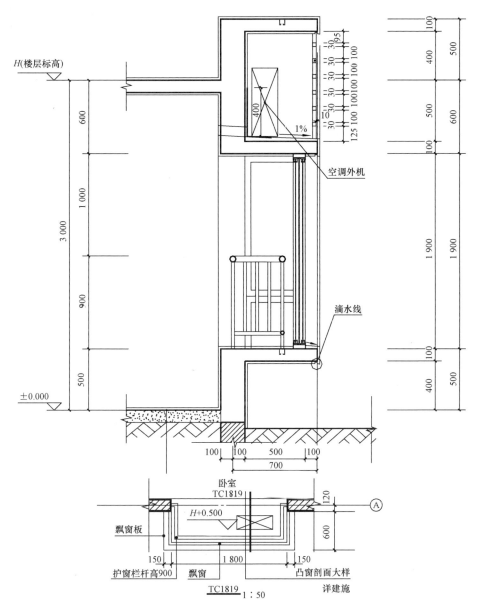

图 5-3 某建筑平面图及详图(五)

【解】 墙面工程量:100.85+5.76=106.61(m²)

套 13 定额:A10—24

柱面工程量:9.28—0.28=9.00(m²)

套 13 定额:A10—31

零星抹灰工程量:4.06 m²

套 13 定额:A10—34

线条抹灰工程量:16.8 m²

套 13 定额:A10—36

工程量计算见表 5-7。

表 5-7 工程量计算表

基本参数								门窗（加）					门窗侧边（加）		墙面	其他及线条			
楼层	轴线号	长/m	层高/m	同类墙数量	层数	门窗代号	当本列数=1时为门否则为窗	每堵墙门窗数	门窗洞口宽/m	门窗洞口高/m	门窗洞口面积/m²	洞口外墙宽/m	外墙门侧面套面积/m²	外墙门套面积/m²	墙面面积/m²	相同数量	展开长/m	展开宽	面积或长宽/(m²或m)
正面	1—2轴+A轴	4.9	3	1	1	TC1819		1	1.8	1.9	3.42		9	0	11.28				0
TC1819	上下面			1	1			2	2.1	0.1	0.42		0	0	−0.42	2	2.1	0.6	2.52
左侧面	A—F+1轴	10.4	3	1	1	C0910		1	1	1.1	1.1		0	0	30.1				0
背面	1—5+F轴	6.9	3	1	1	TC1819		1	1.8	1.9	3.42		0	0	17.28				0
				1	1	C1515		1	1.6	1.6	2.56		0	0	−2.56	2	2.1	0.6	2.62
TC1819	上下面			1	1			2	2.1	0.1	0.42		0	0	−0.42	1	2.1	0.4	0.84
	空中花园及边框	2.1	0.92	1	1			1			0		0	0	1.932				0
右侧面		13.4	3	1	1	M1021	1	1	1	2.1	2.1		0	0	38.1				0
阳台	阳台内侧	4.4	2.9	1	1	TLM3024	1	1	3	2.4	7.2		0	0	5.56	2	0.06	−1	−0.12
墙面小计															100.852				5.76
柱面	柱面	1.6	2.9	2	1										9.28				0
	扣顶部梁交接处			1	1										0	4	0.06	−1	−0.24
	扣底部造型交接			1	1										0	4	0.01	−1	−0.04
墙面小计															9.28				−0.28
零星	阳台造型			1	1										0	1	3.6	0.9	3.24
	空中花园压顶			1	1										0	1	4.1	0.2	0.82
零星小计																			4.06
线条	TC1819			1	1										0	2	3.3	1	6.6
	C0910			1	1										0	1	4	1	4
	C1515			1	1										0	1	6.2	1	6.2
线条小计																			16.8

(五)隔断工程量计算

1. 计算规则

隔断按设计图示尺寸以平方米计算，扣除单个 0.3 m² 以外的孔洞所占面积。

2. 有关说明

(1)塑钢隔断、浴厕木隔断上门的材质与隔断相同时，门的面积并入隔断面积内。

(2)玻璃隔断如有玻璃加强肋者，肋玻璃面积并入隔断工程量内。

(3)全玻璃隔断的不锈钢边框工程量按边框饰面表面积以平方米计算。

(4)成品浴厕隔断(包括同材质的门及五金配件)工程量，按脚底面至隔断顶面高度乘以设计长度以平方米计算。

第三节　天棚装饰工程工程量计算

本节计算的项目主要为直接式天棚、吊顶式天棚。

一、概述

天棚工程包括抹灰面层和吊顶工程等，其中天棚吊顶由龙骨、基层、面板组成。

龙骨一般按照材料划分为木龙骨、轻钢龙骨、铝合金龙骨。而吊顶面层所用的材料种类很多，具体见表5-8。

表5-8　吊顶面层材料分类一览表

序号	所用材料	说明
1	胶合板、纤维板、石膏板	属于常见的板材
2	矿棉板	矿棉板一般指矿棉装饰吸声板。以粒状棉为主要原料加入其他添加物高压蒸挤切割制成，不含石棉，防火吸声性能好。表面一般有无规则孔(俗称毛毛虫)或微孔(针眼孔)等多种，表面可涂刷各种色浆(出厂产品一般为白色)
3	埃特板、铝塑板、钙塑板	埃特板是一种纤维增强硅酸盐平板(纤维水泥板)，其主要原材料是水泥、植物纤维和矿物质，经流浆法高温蒸压而成。铝塑复合板是以经过化学处理的涂装铝板为表层材料，以聚乙烯塑料为芯材，在专用铝塑板生产设备上加工而成的复合材料。钙塑板是以高压聚乙烯为基材，加入大量轻质碳酸钙及少量助剂，经塑炼、热压、发泡等工艺过程制成。这种板材轻质、隔声、隔热、防潮，主要用于吊顶面材
4	塑料板	塑料板就是用塑料做成板材。塑料为合成的高分子化合物，可以自由改变形体样式。塑料是利用单体原料以合成或缩合反应聚合而成的材料，由合成树脂及填料、增塑剂、稳定剂、润滑剂、色料等添加剂组成的，它的主要成分是合成树脂

序号	所用材料	说　明
5	宝丽板	宝丽板是胶合板基层贴以特种花纹纸面涂覆不饱和树脂后，表面再压合一层塑料薄膜保护层。保护层为白色、米黄色等各种有色花纹，常用规格有1 800 mm×915 mm，2 440 mm×1 220 mm；厚度为6、8、10、12 mm等
6	铝板网	铝板网又叫拉伸网。它是以原张钢板采用最新科技经切割扩张而制成，其网身更加轻便而且承载力强。最常见的铝板网是菱形孔的，其他孔型还有六角型、圆孔、三角形、鱼鳞孔等
7	水泥木丝板	属于环保型绿色建材，由水泥作为交联剂，木丝作为纤维增强材料，加入部分添加剂所压制而成的板材
8	PVC扣板	PVC扣板是以聚氯乙烯树脂为基料，加入一定量抗老化剂、改性剂等助剂，经混炼、压延、真空吸塑等工艺而制成的
9	铝板、铝合金条板、铝合金方板	铝板是把厚度在0.2 mm以上，500 mm以下，200 mm宽度以上，长度16 m以内的铝材料称之为铝板材或者铝片材，0.2 mm以下为铝材，200 mm宽度以内为排材或者条材(随着大设备的进步，最宽可做到600 mm的排材也比较多)。铝板是指用铝锭轧制加工而成的矩形板材，分为纯铝板、合金铝板、薄铝板、中厚铝板、花纹铝板
10	镜面玻璃、镭射玻璃	镜面玻璃又称磨光玻璃，是用平板玻璃经过抛光后制成的玻璃，分单面磨光和双面磨光两种，表面平整光滑且有光泽。透光率大于84%，厚度为4~6 mm。镭射玻璃是一款夹层玻璃，应用镭射全息膜技术，在玻璃或透明有机涤纶薄膜上涂敷一层感光层，利用激光在上刻画出任意多的几何光栅或全息光栅，在同一块玻璃上可形成上百种图案。镭射玻璃大体可分为两类：一类是以普通平板玻璃为基材制成的，主要用于墙面和天棚等部位的装饰；另一类是以钢化玻璃为基材制成的，主要用于地面装饰。另外，还有专门用于柱面装饰的曲面镭射玻璃，专门用于大面积幕墙的夹层镭射玻璃等产品

天棚工程造价划分见表5-9。

表5-9　天棚工程造价分类一览表

序号	分　类	说　明
1	直接式天棚	天棚顶抹灰(含梁侧)、楼梯底面抹灰
2	吊顶式天棚	包括龙骨和面板

(1)装饰天棚项目已包括3.6 m以下简易脚手架的搭设及拆除。当高度超过3.6 m需搭设脚手架时，可按相应子目计算，但100 m² 天棚应扣除周转板枋材0.016 m³。

（2）木材种类除周转木材及注明者外，均以一、二类木种为准，如采用三、四类木种，其人工及木工机械乘以系数1.3。

（3）龙骨、基层、面层的防火处理，另按相应定额子目执行。

二、天棚装饰工程综合技能案例

（一）直接式天棚工程量计算

1. 计算规则

各种天棚抹灰面积，按设计图示尺寸以水平投影面积计算。不扣除间壁墙、垛、柱、附墙烟囱、检查口和管道所占的面积，带梁天棚的梁两侧抹灰面积并入天棚面积内。圆弧形、拱形等天棚的抹灰面积按展开面积计算。板式楼梯底面抹灰按斜面积计算，锯齿形楼梯底板抹灰按展开面积计算。檐口、大沟天棚的抹灰面积，并入相同的天棚抹灰工程量内计算。

2. 有关说明

抹灰厚度，同类砂浆列总厚度，不同砂浆分别列出厚度，如定额子目中 5 mm＋5 mm 即表示两种不同砂浆的各自厚度。如设计抹灰砂浆厚度与定额不同时，除定额有注明厚度的子目可以换算砂浆消耗量外，其他不做调整。

【例 5-8】 某工程现浇楼盖天棚如图 5-4 所示，混合砂浆面层，已知板厚 100 mm，墙厚 240 mm，计算其工程量。

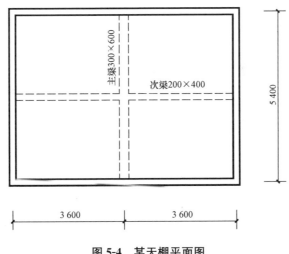

图 5-4 某天棚平面图

【解】 主墙间净面积：$(7.2-0.24)\times(5.4-0.24)=35.91(\text{m}^2)$

主梁侧面抹灰：$(0.6-0.1)\times2\times(5.4-0.24)=5.16(\text{m}^2)$

次梁侧面抹灰：$(0.4-0.1)\times2\times(7.2-0.24-0.3)=3.996(\text{m}^2)$

汇总：工程量＝$35.91+5.16+3.996=45.07(\text{m}^2)$

套用 13 定额：A11—5

【例5-9】　某工程楼梯如图 5-5 所示，楼梯梯梁大小为 200 mm×400 mm，板厚为 100 mm，楼梯底板抹水泥砂浆。计算其工程量。

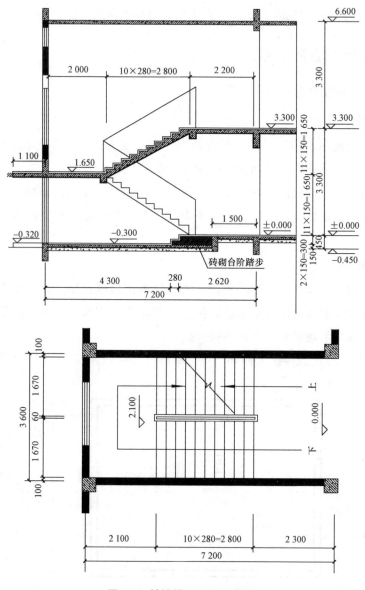

图 5-5　某楼梯平面及剖面图

【解】　楼梯斜长系数 $= \sqrt{\dfrac{0.28^2 + 0.15^2}{0.28^2}} = 1.134$

梯段面积：$1.67 \times 2.8 \times 1.134 \times 2 = 10.61 (\text{m}^2)$

梯梁抹灰：$[0.2 + (0.4 - 0.1) \times 2] \times (3.6 - 0.2) \times 2 = 5.44 (\text{m}^2)$

平台抹灰：$(2.0 - 0.2) \times (3.6 - 0.2) = 6.12 (\text{m}^2)$

汇总：工程量 $= 10.61 + 5.44 + 6.46 = 22.17 (\text{m}^2)$

套用 13 定额：A11-5

(二)吊顶式天棚工程量计算

1. 计算规则

(1)各种天棚吊顶龙骨,按设计图示尺寸以水平投影面积计算。不扣除间壁墙、检查口、附墙烟囱、柱、垛和管道所占面积。

(2)天棚基层及装饰面层按实钉(胶)面积以平方米计算,不扣除间壁墙、检查口、附墙烟囱、垛和管道所占面积,应扣除单个 0.3 m² 以上的独立柱、灯槽与天棚相连的窗帘盒及孔洞所占的面积。

2. 有关说明

(1)定额龙骨的种类、间距、规格和基层、面层材料的型号是按常用材料和做法考虑的,如设计规定与定额不同时,材料可以换算,人工、机械不变。其中,轻钢龙骨、铝合金龙骨定额中为双层结构(即中、小龙骨紧贴大龙骨底面吊挂),如为单层结构时(大、中龙骨底面在同一水平上),人工费乘以系数 0.85。

(2)天棚面层在同一标高或面层标高高差在 200 mm 以内者为平面天棚,天棚面层不在同一标高且面层标高高差在 200 mm 以上者为跌级天棚;跌级天棚其面层人工费乘以系数 1.1。

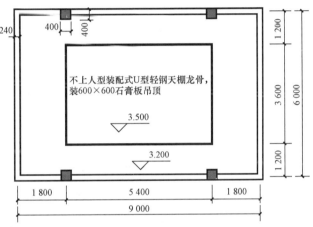

图 5-6　某会议室天棚装饰平面图

【例 5-10】 计算图 5-6 所示某会议室天棚装饰工程量。

【解】　(1)不上人型 U 形轻钢龙骨

工程量=(9-0.24)×(6-0.24)=50.46(m²)

套用 13 定额:A11-30

(2)石膏板 600 mm×600 mm

工程量=(9-0.24)×(6-0.24)+(5.4+3.6)×2×0.3=55.86(m²)

套用 13 定额:A11-94　人工费乘以系数 1.1

第四节　门窗工程工程量计算

本节计算的项目主要为门工程、窗工程。

一、概述

门窗工程按照材料的不同,门分为木门、金属门、卷帘门、防火门、自动门、伸缩门、全玻门；窗分为木窗、金属窗。按照开关方式可以分为平开门、推拉门、弹簧门、转门，窗分为平开窗、推拉窗、固定窗等。

木门窗所用的木材木种分类如下：

一类：红松、水桐木、樟子松。

二类：白松(云杉、冷杉)、杉木、杨木、柳木、椴木。

三类：青松、黄花松、秋子木、马尾松、东北榆木、柏木、苦楝木、梓木、黄菠萝、椿木、楠木、柚木、樟木。

四类：栎木(柞木)、檀木、色木、槐木、荔木、麻栗木(麻栎、青刚)、桦木、荷木、水曲柳、华北榆木。

按照材料和开启方式不同划分门窗工程，具体见表5-10。

表5-10　门窗工程造价分类一览表

序号	分　类	说　明
1	木门	主要有镶板门、胶合板门、成品木门
2	金属门	铝合金门、塑钢门、钢门、防盗门
3	卷帘门	铝合金卷帘门、防火卷帘门
4	其他门	防火门、自动门、伸缩门、全玻门、格栅门
5	木窗	平开木窗、推拉木窗、百叶窗、屋顶小气窗
6	金属窗	铝合金窗、塑钢窗、钢窗、防盗栅

(1)本章木材木种均以一、二类木种为准，如采用三、四类木种时，相应子目的人工机械分别乘以下列系数：木门窗制作乘以系数1.3；木门窗安装乘以系数1.16；其他项目乘以系数1.35。定额中所注明的木材断面或厚度均以毛料为准，如设计图纸注明的断面或厚度为净料时，应增加刨光损耗：板、枋材一面刨光增加3 mm；两面刨光增加5 mm；圆木每立方米材积增加0.05 m³。

(2)成品门窗的安装，如每100 m²洞口中门窗实际用量超过定额含量±1%以上时，可以调整，但人工、机械用量不变。门窗成品包括安装铁件、普通五金配件在内，但不包括特殊五金，如发生时，可按相应子目计算。成品门窗安装定额不包括门窗周边塞缝，门窗周边塞缝按相应定额子目计算。

(3)木门窗不论现场或加工厂制作，均按本定额执行；铝合金门窗、卷闸门(包括卷筒、导轨)、钢门窗、塑钢门窗、纱扇等安装以成品门窗编制。供应地至现场的运输费按门窗运输子目计算。

二、门窗工程综合技能案例

(一)门工程量计算

1. 计算规则

各类门制作安装工程量，除注明者外，均按设计门洞口面积以平方米计算。成品门扇安装按扇计算。

卷闸门安装按洞口高度增加 600 mm 乘以门实际宽度以平方米计算，卷闸门安装在梁底时高度不增加 600 mm；如卷闸门上有小门，应扣除小门面积，小门安装另以个计算；卷闸门电动装置安装以套计算。

电子感应自动门按成品安装以樘计算，电动装置安装以套计算。不锈钢电动伸缩门及轨道以延长米计算，电动装置安装以套计算。

2. 有关说明

定额中木门窗框、扇断面是综合取定的，如与实际不符时，不得换算。

【例 5-11】 某住宅有亮单扇无纱镶板门 45 樘，洞口尺寸为 0.9 m×2.7 m，面刷底漆一遍调和漆两遍，木门加工厂至施工场地为 10 km。计算其工程量。

【解】 工程量＝0.9×2.7×45＝109.35（m²）

套用 13 定额：A12—1

(二)窗工程量计算

1. 计算规则

各类窗制作安装工程量，除注明者外，均按设计窗洞口面积以平方米计算。

普通木窗上部带有半圆窗的应分别按半圆窗和普通窗计算，其分界线以普通窗和半圆窗之间的横框上裁口线为分界线。

铝合金纱扇、塑钢纱扇按扇外围面积以平方米计算。金属防盗网制作安装工程按围护尺寸展开面积以平方米计算，刷油漆按相应子目计算。

2. 有关说明

金属防盗网制作安装钢材用量与定额不同时可以换算，其他不变。玻璃的种类、设计规格与定额不同时，可以换算，其他不变。

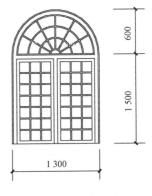

图 5-7　某木制窗示意图

【例 5-12】 图 5-7 所示为某木制窗示意图，计算该窗工程量。

【解】 半圆窗工程量＝3.14×0.6²/2＝0.57（m²）

套用 13 定额：A12—113

矩形窗工程量＝1.3×1.5＝1.95（m²）

套用 13 定额：A12—99

📁➤ 思考与练习

某建筑工程如图 5-8 和表 5-11 所示，板厚 100 mm，内墙采用混合砂浆抹灰，刮熟胶粉腻子两遍，刷乳胶漆两遍；外墙采用水泥砂浆抹灰，刮防水腻子两遍，喷水性乳胶漆；地面采用 600 mm×600 mm 陶瓷地砖，所有房间用水泥砂浆粘贴同地砖材料的踢脚线，高120 mm；天棚采用U形不上人轻钢龙骨，面板为600 mm×600 mm 铝板吊顶，吊顶高3 m，试对其列项，计算各分项工程量。

表 5-11　门窗表

类型	设计编号	洞口尺寸/mm	数量	图集名称	选用型号	备注
门	M0921	1 000×2 100	2			门框厚100 mm，外门平内皮内门平开启方向
	M1024	1 000×2 400	1			
窗	C1518	1 500×1 800	5		90系列	带亮铝合金推拉窗，立樘居中

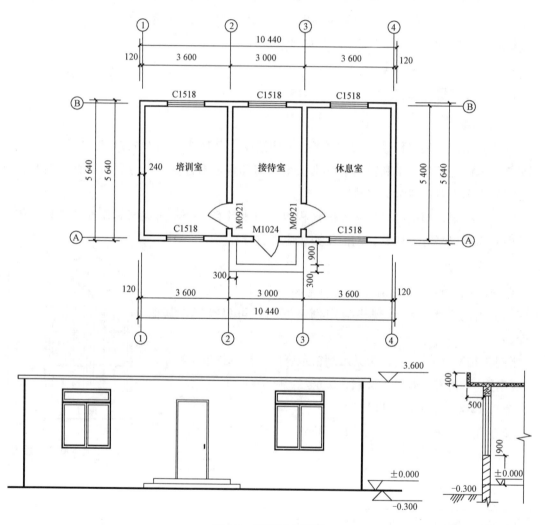

图 5-8　某装修工程图

第六章　措施项目费用

第一节　脚手架工程工程量计算

本节计算的项目主要为内、外脚手架、混凝土运输道、安全通道。

一、概述

脚手架是专门为高空施工操作、堆放和运输材料、保证施工过程工人安全而设置的架设工具或操作平台，是施工中不可缺少的设施之一，其费用是工程造价的一个主要组成部分。

凡高度超过 1.2 m 的建筑施工，都要搭设脚手架（装饰脚手架适用于工作面高度在 1.6 m 以上）。脚手架是为了完成墙体砌筑、混凝土浇筑、装饰装修施工及安全设施所搭设的支架。按照用途可分为砌筑脚手架、现浇脚手架、装饰脚手架等；按照材料可分为扣件式、碗扣式、门式脚手架等；按照位置关系可分为外脚手架和内脚手架。在造价上按照位置关系和用途不同，脚手架分为内、外脚手架，具体划分见表 6-1、表 6-2。

表 6-1　外脚手架造价分类一览表

序号	承包范围	说　　明
1	建筑装饰工程均由一个单位承包	按外墙脚手架计算（用于砌筑和现浇混凝土）
		按外墙脚手架计算（只用于砌筑），材料乘以 0.625，人工、机械不变
2	单独承包建筑工程	按外墙脚手架计算，材料乘以 0.625，人工、机械不变
3	单独承包装饰装修工程	按外装修专用脚手架计算
4	局部分包（如外墙涂料），分包单位不重新搭设架子，直接利用总承包原架子施工	分包工程不应计算外装修专用脚手架费用，该费用应在总承包费用的总分包配合费考虑

注：1. 搭设圆弧形外脚手架，半径≤10 m 者，按照外脚手架的相应子目，人工费乘以系数 1.3 计算，半径＞10 m 者，不增加。

2. 本定额脚手架子目不含支撑地面硬化、水平垂直安全维护网、外脚手架安全挡板等费用，已经含在安全文明施工费用中，不另计算。

表 6-2　内脚手架造价分类一览表

序号	承包范围		说　　明
1	内墙	砌筑里脚手架	按里脚手架计算
2		装饰装修(净高超过 3.6 m)脚手架	按内装修脚手架或满堂脚手架(两者只能算其一)计算
3		电梯脚手架	按照电梯井脚手架以座计算

现浇混凝土运输道一般用在物料提升机、卷扬机，进料时，用小斗车出料在基础，楼板中间用脚手架专门搭设的一道运输道，主要目的是防止钢筋变形，确保保护层能达到规范要求。混凝土运输道造价分类见表 6-3。

表 6-3　混凝土运输道造价分类一览表

序号	承包范围	说　　明
1	深度大于 3 m 的带形基础、满堂基础、箱形基础，基础底短边大于 3 m 柱及设备基础工程	按带形基础或满堂基础运输道子目计算(非泵送混凝土)
		不计算混凝土运输道(泵送混凝土)
2	地上建筑部分(框架柱、梁、墙、板整体浇筑)	按楼板钢管运输道计算(非泵送混凝土)，砖混结构定额乘以 0.5
		按楼板钢管运输道计算(泵送混凝土)，砖混结构定额乘以 0.25；框架、框剪、筒体结构定额乘以 0.5

注：1. 底层架空层不计算建筑面积或计算一半建筑面积时按顶板水平投影面积计算混凝土楼板运输道。

2. 坡屋面不计算建筑面积时按照水平投影面积计算混凝土楼板运输道。

施工现场的安全通道(图 6-1)，通常是指在建筑物出入口位置用脚手架、安全网及硬质木板搭设的"护头棚"，目的是避免上部掉落物品伤人。这种安全通道有时在吊装频繁的区域也可以进行设置。安全通道造价分类见表 6-4。

图 6-1　安全通道图

表 6-4　安全通道造价分类一览表

序号	承包范围	说　　明
1	建筑装饰工程均由一个单位承包	按安全通道子目以米计算
2	单独承包装饰装修工程	按安全通道子目以米计算，材料乘以 0.375，人工、机械不变
注：通道宽度超过 3 m 时，按比例调整定额的人工、材料及机械台班消耗量。		

二、脚手架工程综合技能案例

(一)外墙脚手架工程量计算

1. 计算规则

外墙脚手架按外墙外围长度(应计凸阳台两侧的长度，不计凹阳台两侧的长度)乘以外墙高度，再乘以系数 1.05 计算其工程量。门窗洞口及穿过建筑物的车辆通道空洞面积等，均不扣除。

外墙脚手架的计算高度按室外地坪至以下情形分别确定：

(1)有女儿墙者，高度算至女儿墙顶面(含压顶)。

(2)平屋面或屋面有栏杆者，高度算至楼板顶面。

(3)有山墙者，高度按山墙平均高度计算。

(4)同一栋建筑物内，有不同高度时，应分别按不同高度计算外脚手架；不同高度间的分隔墙，按相应高度的建筑物计算外脚手架；如从楼面或天面搭起的，应从楼面或天面起计算。

2. 有关说明

(1)如遇下列情况者，按单排外脚手架计算：

1)外墙檐高在 16 m 以内，并无施工组织设计规定时。

2)独立砖柱与突出屋面的烟囱。

3)砖砌围墙。

(2)如遇下列情况者，按双排外脚手架计算：

1)外墙檐高超过 16 m 者；框架结构间砌外墙；施工组织设计有明确规定者。

2)外墙面带有复杂艺术形式者(艺术形式部分的面积占外墙总面积 30% 以上)，或外墙勒脚以上抹灰面积(包括门窗洞口面积在内)占外墙总面积 25% 以上，或门窗洞口面积占外墙总面积 40% 以上者。

3)片石墙(含挡土墙、片石围墙)、大孔混凝土砌块墙，墙高超过 1.2 m 者。

(3)地下室脚手架。单层地下室的外墙脚手架按单排外脚手架计算；两层及两层以上地下室的外墙脚手架按双排外脚手架计算。

(4)在旧有的建筑物上加层：加二层以内时，其外墙脚手架按规定乘以系数 0.5 计算；加层在二层以上时，按上述办法计算，不乘以系数。

（5）天井四周墙砌筑，如需搭外架时，其计算工程量如下：

1）天井短边净宽 $b \leqslant 2.5$ m 时，按长边净宽乘以高度再乘以系数 1.2 计算外脚手架工程量。

2）天井短边净长在 2.5 m $< b \leqslant 3.5$ m 时，按长边净宽乘以高度再乘以系数 1.5 计算外脚手架工程量。

3）天井短边净宽 $b > 3.5$ m 时，按一般外脚手架计算。

【例 6-1】 如图 6-2 所示，计算外墙脚手架工程量（使用钢管脚手架）。已知 4.800 m 为圈梁底标高，全部墙体设置圈梁，板厚为 100 mm。

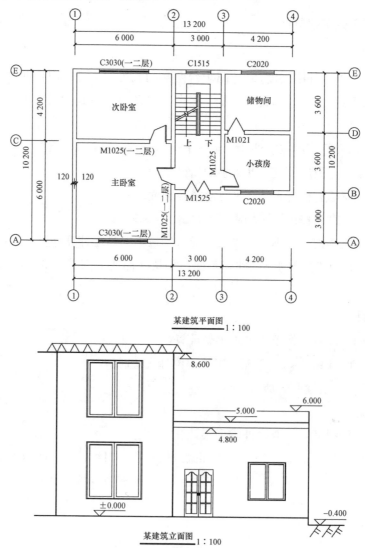

图 6-2 某建筑平面及立面图

【解】 一、二层：$(6+0.24+10.2+0.24+6+0.24) \times (8.6+0.4) \times 1.05 = 216.59（m^2）$

一层带女儿墙：$(7.2+7.2+0.24+7.2) \times (6+0.4) \times 1.05 = 146.76（m^2）$

屋顶处：$(7.2-0.24) \times 3.6 \times 1.05 = 26.31 (\text{m}^2)$

汇总：工程量 $= 218.59 + 146.76 + 26.31 = 389.66 (\text{m}^2)$

套用 13 定额：A15—3

(二)内脚手架工程量计算

1. 砌筑里脚手架

(1)计算规则。

内墙按内墙净长乘以实砌高度计算里脚手架工程量。

(2)有关说明。

1)砖砌基础深度超过 3 m 时(室外地坪以下)，或四周无土砌筑基础，高度超过 1.2 m 时。

2)高度超过 1.2 m 的凹阳台的两侧墙及正面墙、凸阳台的正面墙及双阳台的隔墙。

2. 装饰满堂脚手架

(1)计算规则。

满堂脚手架按需要搭设的室内水平投影面积计算。

(2)有关说明。

1)凡墙面高度超过 3.6 m，而无搭设满堂脚手架条件者，则墙面装饰脚手架按 3.6 m 以上的装饰脚手架计算。工程量按装饰面投影面积(不扣除门窗洞口面积)计算。

2)高度超过 3.6 m 以上者，有屋架的屋面板底喷浆、勾缝及屋架等油漆，按装饰部分的水平投影面积套悬空脚手架计算，无屋架或其他构件可利用搭设悬空脚手架者，按满堂脚手架计算。

3)定额规定满堂脚手架基本层实高按 3.6 m 计算，增加层实高按 1.2 m 计算，基本层操作高度按 5.2 m 计算(基本层操作高度为基本层高 3.6 m 加上人的高度 1.6 m)。室内天棚净高超过 5.2 m 时，计算了基本层后，增加层的层数＝(天棚室内净高－5.2 m)÷1.2 m，按四舍五入取整数(图 6-3)。如建筑物天棚室内净高为 9.2 m，其增加层的层数为：$(9.2-5.2) \div 1.2 \approx 3.3$，则按 3 个增加层计算。

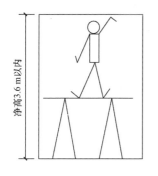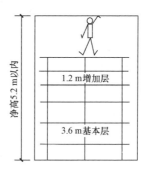

图 6-3　满堂架示意图

(a)不计算满堂架；(b)只计算基本层；(c)再计算增加层

【例 6-2】 如图 6-2 所示，计算内墙里脚手架和满堂脚手架工程量(使用钢管脚手架)。

【解】 里脚手架工程量：

一层©轴：$(6-0.24) \times 4.8 = 27.65(m^2)$

②+®～©轴：$(7.2-0.24) \times 4.8 = 33.41(m^2)$

③+®～©轴：$(7.2-0.24) \times 4.8 = 33.41(m^2)$

®+③～④轴：$(4.2-0.24) \times 4.8 = 19.01(m^2)$

二层©轴：$(6-0.24) \times (3.6-0.2) = 19.58(m^2)$

汇总：工程量 $= 27.65 + 33.41 \times 2 + 19.01 + 19.58 = 133.06(m^2)$

套用 13 定额：A15-2

满堂脚手架工程量：

一层次卧：$(4.2-0.24) \times (6-0.24) = 22.81(m^2)$

主卧：$(6-0.24) \times (6-0.24) = 33.18(m^2)$

储物间：$(3.6-0.24) \times (4.2-0.24) = 13.31(m^2)$

小孩房：$(3.6-0.24) \times (4.2-0.24) = 13.31(m^2)$

楼梯间：$(3.0-0.24) \times (3.6 \times 2-0.24) = 19.21(m^2)$

汇总：工程量 $= 22.81 + 33.18 + 13.31 \times 2 + 19.21 = 101.82(m^2)$

判断：建筑物天棚室内净高为 $5-0.1 = 4.9$ m< 5.2 m，因此只算基本层。

套用 13 定额：A15-84

(三)特殊项目脚手架工程量计算

(1)现浇钢筋混凝土独立柱，如无脚手架利用时，按(柱外围周长+3.6 m)×柱高度相应外脚手架计算。

(2)单独浇捣的梁，如无脚手架利用时，应按(梁宽+2.4 m)×梁的跨度套相应高度(梁底高度)的满堂脚手架计算。

(3)铝合金门窗工程，如需搭设脚手架时，可按内墙装饰脚手架计算，其工程量按门窗洞口宽度每边加 500 mm 乘以楼地面至门窗顶高度计算。

(4)独立砖柱、突出屋面的烟囱脚手架按其外围周长加 3.6 m 后乘以高度计算。

(四)现浇混凝土运输道工程量计算

1. 计算规则

(1)现浇混凝土楼板运输道：适用于框架柱、梁、墙、板整体浇捣工程，工程量按浇捣部分的建筑面积计算。

(2)现浇混凝土基础运输道：深度大于 3 m(3 m 以内不得计算)的带形基础按基槽底面积计算。满堂基础运输道适用于满堂式基础、箱形基础、基础底短边大于 3 m 的柱基础、设备基础，其工程量按基础底面积计算。

2. 有关说明

当层高不到 2.2 m 时，按外墙外围面积计算混凝土楼板运输道。

【例 6-3】 如图 6-2 所示，已知采用泵送商品混凝土，计算楼板混凝土运输道工程量。

【解】 建筑面积为：

一层：$(13.2+0.24)\times(10.2+0.24)-7.2\times3=118.71(m^2)$

二层：$(6+0.24)\times(10.2+0.24)=65.15(m^2)$

汇总：工程量$=118.71+65.15=183.86(m^2)$

套用 13 定额：A15—28　根据定额计算规则，定额×0.25

第二节　垂直运输工程工程量计算

本节计算的项目主要为建筑物垂直运输、局部装修垂直运输。

一、概述

垂直运输设施是建筑机械化施工的主导设施，担负着大量的建筑材料、建筑设备和施工人员垂直运输任务。

垂直运输设施包括井架、塔吊、施工电梯在内的担负垂直运输材料和供施工人员上下的机械设备，其中施工电梯和井架根据不同施工阶段的垂直运输要求设置，可以作为塔吊能力不足的辅助手段。在造价上，按照承包范围划分垂直运输，具体见表 6-5。

表 6-5　垂直运输造价分类一览表

序号	承包范围	说　明
1	建筑装饰工程均由一个单位承包	区分高度计算建筑物垂直运输
2	单独承包建筑工程	区分高度计算建筑物垂直运输笔子目乘以 0.77
3	单独承包装饰装修工程	区分高度计算建筑物垂直运输　子目乘以 0.33
4	局部分包（如外墙涂料），分包单位直接利用总承包垂直运输机械	分包工程不应计算垂直运输费用，该费用应在总承包费用的总分包配合费考虑

注：1. 同一建筑物中有不同檐高时，按建筑物不同檐高做纵向分割，分别计算建筑面积，以不同檐高分别套用相应高度的定额子目。

　　2. 如采用泵送混凝土时，定额子目中的塔吊机械台班应乘以系数 0.8。

　　3. 地下层、单层建筑物、围墙垂直运输高度小于 3.6 m 时，不得计算垂直运输费用。

二、垂直运输工程综合技能案例

(一)建筑物垂直运输工程量计算

1. 计算规则

(1)建筑物垂直运输区分不同建筑物的结构类型和檐口高度，按建筑物设计室外地坪以上的建筑面积以平方米计算。高度超过 120 m 时，超过部分按每增加 10 m 定额子目（高度不足 10 m 时，按比例）计算。

（2）地下室的垂直运输按地下层的建筑面积以平方米计算。

2. 有关说明

（1）室外地坪以上高度，是指设计室外地坪至檐口滴水的高度。没有檐口的建筑物，算至屋顶板面，坡屋面算至起坡处。女儿墙不计高度，突出主体建筑物屋面的梯间、电梯机房、设备间、水箱间、塔楼、望台等，其水平投影面积小于主体顶层投影面积 30% 的不计其高度。

（2）室外地坪以下高度，是指设计室外地坪至相应地下层底板底面的高度。带地下室的建筑物，地下层垂直运输高度由设计室外地坪标高算至地下室底板底面，套用相应高度的定额子目。

【例 6-4】 如图 6-4 所示，某建筑分为三个单元，建筑和装饰由一个单位承包，第一个单元共 20 层，檐口高度为 62.7 m，建筑面积每层为 300 m²，每层层高小于 3.6 m；第二个单元共 18 层，檐口高度为 49.7 m，建筑面积每层为 500 m²，每层层高小于 3.6 m；第三个单元共 15 层，檐口高度为 35.7 m，建筑面积每层为 200 m²，每层层高小于 3.6 m；有地下室一层，层高为 4.2 m。已知建筑面积为 1 000 m²，且已知采用泵送商品混凝土。计算该工程垂直运输工程量。

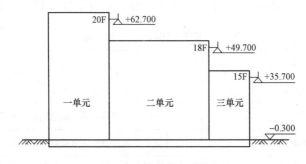

图 6-4　某建筑示意图

【解】 确定建筑物不同标高的建筑面积应垂直分割计算。

（1）檐口高度 70 m 以内　$S=20\times300=6\,000$（m²）　套用 13 定额：A16—11

（2）檐口高度 50 m 以内　$S=18\times500=9\,000$（m²）　套用 13 定额：A16—9

（3）檐口高度 40 m 以内　$S=15\times200=3\,000$（m²）　套用 13 定额：A16—8

（4）地下室垂直运输　$S=1\,000$ m²　套用 13 定额：A16—4

以上子目中的塔吊机械台班应乘以系数 0.8。

（二）局部装修垂直运输工程量计算

1. 计算规则

区别不同的垂直运输高度，按各楼层装饰装修部分的建筑面积分别计算。

2. 有关说明

（1）室外地坪以上高度：指设计室外地坪至装饰装修工程楼层顶板的高度。

（2）室外地坪以下高度：指设计室外地坪至相应地下层地（楼）面的高度。带地下室的建筑物，地下层垂直运输高度由设计室外地坪标高算至地下室地（楼）面，套用相应高度的定额子目。

第三节　建筑物超高增加费计算

本节计算的项目主要为建筑物超高增加费、超高加压水泵费用。

一、概述

建筑物的高度越高，操作工人的工效越低，建筑材料的垂直运输运距就越长，从而引起随工人班组的配置确定台班量的机械就相应降低，为了弥补因建筑物高度超高而造成的人工、机械降效，应计取相应的超高增加费。超高加压水泵台班主要考虑自来水水压不足所需要增压的加压水泵台班。

建筑物地上超过六层或设计室外标高至檐口高度超过 20 m 以上的工程，檐高或层数只需符合一项指标即可套用相应定额子目。地下建筑超过六层或设计室外地坪标高至地下室底板地面高度超过 20 m 以上的工程，高度或层数只需符合一项指标即可套用相应定额子目。

在造价上，按照承包范围划分超高费用，具体见表 6-6。

表 6-6　超高增加费造价分类一览表

序号	承包范围	说　　明
1	建筑装饰工程均由一个单位承包	区分高度计算建筑物超高增加费
2	单独承包建筑工程	区分高度计算建筑物超高增加费
3	单独承包装饰装修工程	区分高度计算建筑物超高增加费
4	局部分包	区分高度计算建筑物超高增加费

注：1. 建筑物檐口高度的确定及室外地坪以上的高度计算，室外地坪以上高度，是指设计室外地坪至檐口滴水的高度，没有檐口的建筑物，算至屋顶板面，坡屋面算至起坡处。女儿墙不计高度，突出主体建筑物屋面的梯间、电梯机房、设备间、水箱间、塔楼、望台等，其水平投影面积小于主体顶层投影面积 30% 的不计其高度。

2. 室外地坪以下高度，是指设计室外地坪至相应地下层底板底面的高度。带地下室的建筑物，地下层垂直运输高度由设计室外地坪标高算至地下室底板底面，套用相应高度的定额子目。

二、超高增加费综合技能案例

(一)建筑物超高增加费工程量计算

1. 计算规则

(1)人工、机械降效费按建筑物±0.000以上(以下)全部工程项目(不包括脚手架工程、垂直运输工程、各章节中的水平运输子目、各定额子目中水平运输机械)中的全部人工费、机械费乘以相应子目人工、机械降效率以元计算。

(2)建筑物檐高超过120 m时,超过部分按每增加10 m子目(高度不足10 m按比例)计算。

2. 有关说明

当建筑物有不同檐高时,按不同檐高的建筑面积计算加权平均降效高度,当加权平均降效高度大于20 m时套相应高度的定额子目。

$$加权平均降效高度=\frac{1\times1+2\times2+\cdots\cdots}{总面积}$$

【例6-5】 某建筑物有三个不同的高度和面积(图6-5),已知高度1为18 m,高度2为46 m,高度3为89 m,面积1为15 000 m²,面积2为10 000 m²,面积3为30 000 m²。计算该建筑的加权平均降效高度,确定套用子目。

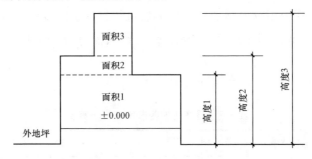

图6-5 某建筑物立面示意图

【解】 $加权平均降效高度=\dfrac{18\times15\ 000+46\times10\ 000+89\times30\ 000}{55\ 000}=61.82(m)$

套用13定额:A19—5

(二)建筑物超高加压水泵工程量计算

1. 计算规则

建筑物超高加压水泵台班的工程量,按±0.000以上建筑面积以平方米计算;建筑物高度超过120 m时,超过部分按每增加10 m子目(高度不足10 m按比例)计算。

2. 有关说明

一个承包方同时承包几个单位工程时,两个单位工程按超高加压水泵台班子目乘以系数0.85;两个以上单位工程按超高加压水泵台班子目乘以系数0.7。

【例 6-6】 某招待所，主楼设计为 7 层，层高为 3 m，裙楼设计为 2 层，层高为 4 m，屋面作为招待所的晒台，楼梯间上屋顶设计为洗衣间，室内地坪和室外地坪高差为 0.6 m，主楼建筑面积为 3 389 m²，裙楼建筑面积为 577 m²，设计地坪至天沟底的高度为 22.2 m。又知该工程人工费总计为 380 187 元，机械费为 237 146 元（包括垂直运输 6 694 元）。计算该建筑的超高加压水泵费用。

【解】 工程量＝3 389＋577＝397（10 m²）

套用 13 定额：A19－18

第四节　混凝土模板及支架(撑)工程量计算

本节计算的项目主要为基础模板、柱模板、墙模板、梁模板、板模板、楼梯模板、压顶模板、散水模板、后浇带模板等。

一、概述

模板工程是指支撑新浇筑混凝土的整个系统，是由模板、支撑及紧固件等组成。模板是新浇筑混凝土成型并养护，使之达到一定强度以承受自重的临时性结构并能拆除的模型板。

现浇构件模板按照材料不同可分为三种：钢模板、胶合板模板、木模板。模板的主要工作是安装和拆除。具体内容包括：模板清理、场内运输、安装、刷隔离剂、浇筑混凝土时模板围护、拆模、集中堆放、场外运输。其中木模板包括制作（预制构件包括刨光），组合钢模板、胶合板模板包括装箱。模板按照和接触面的位置可以分为侧模、底模、顶模。不同构件采用的模板放置位置不同。

按照构件类型不同，构件分为基础、柱子、墙、梁、板、楼梯、压顶、台阶、散水、小型构件、后浇带等。装饰线条一般属于小型构件，是指窗台线、门窗套、挑檐、腰线、扶手、压顶、遮阳板、宣传栏边框等凸出墙面 150 mm 以内、竖向高度 150 mm 以内的横、竖混凝土线条。

现浇模板按照范围不同进行划分，具体见表 6-7。

表 6-7　现浇模板造价分类一览表

序号	范　围	说　明
1	一般模板	基础构件：独基、条基、筏板
		竖直构件：柱模板、墙模板
		水平构件：梁模板、板模板
		楼梯构件：楼梯模板
		其他构件：压顶、台阶、散水、小型构件、后浇带

序号	范　围	说　明
2	高大模板	(1)支撑体系高度达到或超过 8 m，结构跨度达到或超过 18 m。 (2)按《建筑施工模板安全技术规范》(JGJ 162－2008)(以下简称 JGJ 162－2008)进行荷载组合之后的施工面荷载达到或超过 15 kN/m²。 (3)按 JGJ 162—2008 进行荷载组合之后的施工线荷载达到或超过 20 kN/m。 (4)按 JGJ 162—2008 进行荷载组合之后的施工单点集中荷载达到或超过 7 kN 的作业平台

注：现浇混凝土模板工程量，除另有规定外，应区分不同材质，按混凝土与模板接触面积以平方米计算。

二、混凝土模板及支架(撑)综合技能案例

(一)基础模板工程量计算

1. 计算规则

按照混凝土与模板的接触面积以平方米计算。基础主要是计算侧模板。

2. 有关说明

(1)杯形基础杯口高度大于外杯口大边长度的，套用高杯基础定额。

(2)有肋式带形基础，肋高与肋宽之比在 4∶1 以内的按有肋式带形基础计算；肋高与肋宽之比超过 4∶1 的，其底板按板式带形基础计算，以上部分按墙计算。

(3)桩承台按独立式桩承台编制，带形桩承台按带形基础定额执行。

(4)箱式满堂基础应分别按满堂基础、柱、梁、墙、板有关规定计算。

【例 6-7】 某筏板基础如图 6-6 所示，计算该基础的模板工程量。

【解】 $(31.5+2+8+2)\times2\times0.3+(31.5+8)\times\sqrt{0.1^2+0.1^2}\times2+(6+2-0.24\times2)$
$\times\sqrt{0.1^2+0.1^2}\times2\times8+(3.5-0.24)\times\sqrt{0.1^2+0.1^2}\times2\times9=62.58(\text{m}^2)$

套用 13 定额：A17－29

(二)墙、柱模板工程量计算

1. 计算规则

按照混凝土与模板的接触面积以平方米计算，墙、柱主要是计算侧模板。

2. 有关说明

(1)墙高应自墙基或楼板的上表面至上层楼板底面计算。有梁板的柱高，应自柱基或楼板的上表面至上层楼板底面计算。无梁板的柱高，应自柱基或楼板的上表面至柱帽下表面计算。

(2)计算墙(柱)模板时，不扣除梁与墙(柱)交接处的模板面积(即梁头不扣除)，不扣除后浇带所占的面积(即后浇带不扣除)。

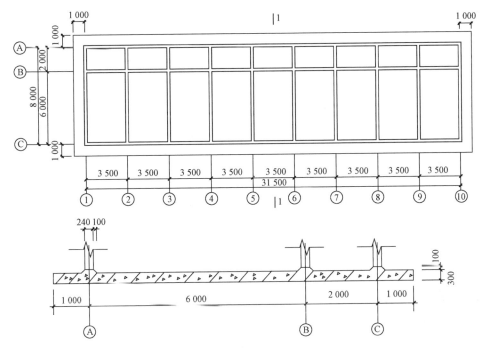

图 6-6 某筏板基础图

(3)墙上单孔面积在 0.3 m² 以内的孔洞不扣除,洞侧模板也不增加,单孔面积在 0.3 m²以上应扣除,洞侧模板并入墙模板工程量计算。构造柱按外露部分计算模板面积,留马牙槎的按最宽面计算模板宽度。

【例 6-8】 某墙柱平面图如图 3-12 所示,其中墙柱配筋图如图 6-7 所示,计算该墙柱的模板工程量(采用胶合板钢支撑)。

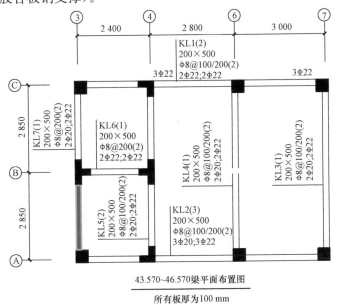

图 6-7 某墙柱配筋图

【解】 柱模板工程量：

KZ1=4：0.4×4×(3−0.1)×4=18.56(m²)

KZ2=2：0.4×4×(3−0.1)×2−0.2×(3−0.1)=8.70(m²)

YDZ1=2：0.5×4×(3−0.1)×2=11.60(m²)

YDZ2=2：(0.5+0.8)×2×(3−0.1)×2−0.2×(3−0.1)=14.50(m²)

汇总：工程量=18.56+8.7+11.6+14.5=53.36(m²)

套用13定额：A17−50

墙模板工程量：

LL1=1：(0.2+0.6×2)×(2.4−0.3−0.4)=2.38(m²)

Q−1=1：(2.85−0.3−0.4)×(3−0.1)×2=12.48(m²)

汇总：工程量=2.38+12.48=14.86(m²)

套用13定额：A17−83

(三)梁模板工程量计算

1. 计算规则

按照混凝土与模板的接触面积以平方米计算，梁主要计算侧模和底模。

2. 有关说明

(1)梁长按下列规定确定：梁与柱连接时，梁长算至柱侧面；主梁与次梁连接时，次梁长算至主梁侧面。

(2)计算梁模板时，不扣除梁与梁交接处的模板面积(即梁头不扣除)。

(四)板模板工程量计算

1. 计算规则

按照混凝土与模板的接触面积以平方米计算，板主要计算侧模和底模。

2. 有关说明

(1)现浇悬挑板按外挑部分的水平投影面积计算，伸出墙外的牛腿、挑梁及板边的模板不另计算。板上单孔面积在 0.3 m² 以内的孔洞不扣除，洞侧模板也不增加，单孔面积在 0.3 m² 以上应扣除，洞侧模板并入板模板工程量计算。

(2)计算板模板时，不扣除柱、墙所占的面积(即板头不扣除)。

(3)混凝土斜板，当坡度在 11°19′～26°34′ 时，按相应板定额子目人工费乘以系数1.15；当坡度在 26°34′ 至 45° 时，按相应板定额子目人工费乘以系数1.2；当坡度在 45° 以上时，按墙子目计算。

【例 6-9】 某有梁板结构图如图 6-8 所示，柱子全部为 400 mm×400 mm。计算该有梁板的模板工程量(采用钢支撑，胶合板)。

【解】 板模板：底模 (10.8+0.2)×(6+0.2)=68.20(m²)

　　　　　　　　侧模 (10.8+0.2+6+0.2)×2×0.1=3.44(m²)

梁模板：KL1(3)=(0.5−0.1)×2×(10.8+0.2−0.4×4)×2=15.04(m²)

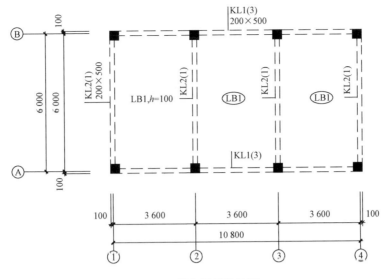

图 6-8　某有梁板结构图

$$KL2(1)=(0.5-0.1)\times2\times(6+0.2-0.4\times2)\times4=17.28(m^2)$$

汇总：工程量$=68.20+3.44+15.04+17.28=103.96(m^2)$

套用 13 定额：A17—91

(五)楼梯模板工程量计算

1. 计算规则

楼梯包括休息平台、梁、斜梁及楼梯与楼板的连接梁，按设计图示尺寸以水平投影面积计算，不扣除宽度小于 500 mm 的楼梯井所占面积。

2. 有关说明

楼梯踏步、踏步板、平台梁等侧面模板不另计算，伸入墙内部分亦不增加。

【例 6-10】　某楼梯平面图如图 3-17 所示，墙厚 200 mm，楼梯板厚为 100 mm。梯梁宽为 200 mm。计算该楼梯的模板工程量。

【解】　$(0.24+3.3+1.5-0.1+0.2)\times(5.4-0.2)=26.73(m^2)$

套用 13 定额：A17—115

(六)其他模板工程量计算

1. 计算规则

(1)混凝土压顶、扶手按延长米计算。

(2)台阶模板按水平投影面积计算，台阶两侧模板面积不另计算。

(3)现浇混凝土散水按水平投影面积以平方米计算，现浇混凝土明沟按延长米计算。

(4)后浇带分结构后浇带、温度后浇带。结构后浇带分墙、板后浇带。后浇带模板工程量按后浇部分混凝土体积以立方米计算。

2. 有关说明

架空式混凝土台阶，按现浇楼梯计算。

(七)高大模板工程量计算

1. 计算规则

(1)梁的高大模板的钢支撑工程量按经评审的施工专项方案搭设面积乘以支模高度(楼地面至板底高度)以立方米计算,如无经评审的施工专项方案,搭设面积则按梁宽加 600 mm 乘以梁长度计算。

(2)有梁板高大模板的钢支撑工程量按搭设面积乘以支模高度(楼地面至板底高度)以立方米计算,不扣除梁柱所占的体积。

2. 有关说明

定额高大模板钢支撑搭拆时间是按三个月编制的,如实际搭拆时间与定额不同时,定额周转材料消耗量按比例调整。

第五节　混凝土运输及泵送工程工程量计算

本节计算的项目主要为混凝土运输、混凝土泵送等。

一、概述

当工程使用现场搅拌站混凝土或商品混凝土时,如需运输和泵送的,可按实际情况计算混凝土运输和泵送费用。如商品混凝土运输费已在发布的参考价中考虑,则运输不再计算。

二、混凝土运输及泵送综合技能案例

(1)混凝土运输工程量,按混凝土浇捣相应子目的混凝土定额分析量(如需泵送,加上泵送损耗)计算。

(2)混凝土泵送工程量,按混凝土浇捣相应子目的混凝土定额分析量计算。

第六节　大型机械设备基础、安拆及进退场费计算

本节计算的项目主要为大型设备基础、大型设备安拆费、大型设备进退场费。

一、概述

大型设备进退场及安拆费是指这一类机械整体或分体自停放场地运至施工现场或由一个施工地点运至另一个施工地点,所发生的机械进出场运输及转运费用及这一类机械在施工现场进行安装、拆卸所需的人工费、材料费、机械费、试运转费和安装所需的辅助设施费用。

大型设备的安拆一次费用中均包括了安拆过程中消耗的本机试车台班；大型机械场外运输费用中包括了本机使用台班，还包括机械的回程费用。安装、拆卸一次费用子目中的试车台班及场外运输费用子目中的本机使用台班可根据实际使用机型换算，其他不变。

二、大型机械设备基础、安拆及进退场费综合技能案例

(1)自升式塔式起重机基础以座计算，施工电梯基础以座计算。定额不包括基础拆除的相关费用，如实际发生，另行计算。

(2)大型机械安装、拆卸一次费用均以台次计算。塔式起重机安装、拆卸定额是按塔高60 m确定的，如塔高超过60 m时，每增加15 m，定额消耗量(扣除试车台班后)增加10%。

(3)大型机械场外运输费均以台次计算，自升式塔式起重机场外运输费是以塔高60 m确定的，如塔高超过60 m时，每增加15 m，场外运输定额消耗量增加10%。

(4)大型机械场外运输费为运距25 km以内的机械进出场费用。运距在25 km以上者，按实办理签证。即$\sum$(实际发生台班×其定额机械台班×0.9)。

▷ 思考与练习

1. 某筒体结构工程如图6-9所示，女儿墙高1 200 mm，计算外脚手架工程量。

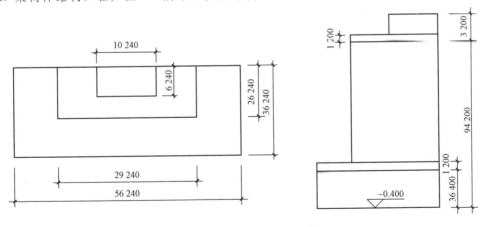

图6-9 某建筑平面和立面图

2. 某高层建筑立面如图6-10所示，标注S_1的为地下室，$H_1=4.2$ m，建筑面积为S_1；标注S_2的为裙楼，$H_2=16$ m，建筑面积为S_2；标注S_3的为主楼，$H_3=48$ m，建筑面积为S_3；标注S_4的为天面楼梯(或设备房)，$H_4=7$ m，建筑面积为S_4。计算其垂直运输工程量。

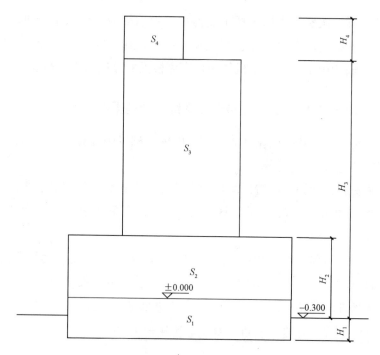

图 6-10 某建筑立面图

3. 如图 6-11 所示，建筑物立面图内所示数字为不同区域、不同层数的建筑面积，其中 A、D 区檐高为 20 m，B 区檐高为 72 m，C 区檐高为 50 m，建筑物 20 m 内共 6 层，20～50 m 内为 11 层(每层等高)，50 m 以上为 6 层，各区建筑面积相等，建筑费用分配见表 6-8。计算其超高增加费。

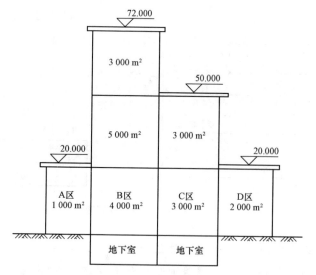

图 6-11 某建筑立面图

表 6-8 建筑费用分配表

区号	人工费/元	机械费/元	脚手架及垂直运输费/元 其中人工费为 5 000 元
A	10 000	2 000	1 000
B	120 000	24 000	12 000
C	60 000	12 000	6 000
D	20 000	4 000	2 000

参考文献

[1] 周慧玲. 建筑与装饰装修工程计量与计价实务：基于工料单价法 [M]. 北京：北京理工大学出版社，2012.

[2] 中国建设工程造价管理协会. 图释建筑工程建筑面积计算规范 [M]. 北京：中国计划出版社，2007.

[3] 住房和城乡建设部标准定额研究所. GB/T 50353—2013 建筑工程建筑面积计算规范[S]. 北京：中国计划出版社，2014.

[4] 柯洪. 建设工程计价(全国造价工程师执业资格考试培训教材) [M]. 北京：中国计划出版社，2012.

[5] 广西住房和城乡建设厅培训中心. 广西住房和城乡建设领域专业管理人员关键岗位培训—预算员 [M]. 南宁：广西住房和城乡建设厅培训中心，2014.

[6] 莫良善，朱文华. 广西壮族自治区建设工程造价从业人员培训教材（建筑）[M]. 南宁：广西人民出版社，2009.

[7] 莫良善，朱文华，赖伟琳. GB 50854—2013 建设工程工程量计算规范广西壮族自治区实施细则[S]. 南宁：广西壮族自治区建设工程造价管理总站，2013.

[8] 莫良善，朱文华，赖伟琳. GB 50500—2013 建设工程工程量清单计价规范广西壮族自治区实施细则[S]. 南宁：广西壮族自治区建设工程造价管理总站，2013.

[9] 广西壮族自治区建设工程造价管理总站. 2013 广西壮族自治区建筑装饰装修工程量消耗量定额 [S]. 北京：中国建材工业出版社，2013.